高 等 学 校 教 材

化学传感技术与应用

贾晓腾 孙鹏 主编

U0201573

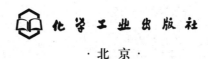
化 学 工 业 出 版 社
·北 京·

内容简介

化学传感技术在当今社会的科学研究和工业应用中占据着至关重要的地位，本书介绍多种化学量传感器和生物量传感器的基本原理与应用，具体内容包括：传感器的基本概念和原理；生物量传感器（如酶传感器、DNA 生物传感器、免疫传感器、细胞和组织传感器等）；化学量传感器（包括湿度、气体及光化学传感器等）；电化学传感器（如电位型、电流型及电导型传感器）；新型传感技术（可穿戴传感器及生物芯片）。

《化学传感技术与应用》适合作为高等院校电子科学与技术、分析化学、生物医学工程等相关专业本科生的教材，也可以作为传感技术领域研究生的科研参考用书。

图书在版编目（CIP）数据

化学传感技术与应用 / 贾晓腾，孙鹏主编. -- 北京：化学工业出版社，2024.8. --（高等学校教材）.
ISBN 978-7-122-46561-0

Ⅰ. TP212.2

中国国家版本馆 CIP 数据核字第 202412SJ34 号

责任编辑：李　琰　宋林青　　文字编辑：杨玉倩　葛文文
责任校对：宋　玮　　　　　　　装帧设计：韩　飞

出版发行：化学工业出版社
　　　　　（北京市东城区青年湖南街 13 号　邮政编码 100011）
印　　装：高教社（天津）印务有限公司
787mm×1092mm　1/16　印张 11　字数 248 千字
2024 年 10 月北京第 1 版第 1 次印刷

购书咨询：010-64518888　　售后服务：010-64518899
网　　址：http://www.cip.com.cn
凡购买本书，如有缺损质量问题，本社销售中心负责调换。

定　　价：48.00 元　　　　　　　版权所有　违者必究

前　言

　　传感器是信息获取的源头，是自动控制和信息系统的核心；传感器不仅为科学研究提供了强大的工具，同时对社会生产、生活产生了深远的影响。本书的主题是化学传感技术及其应用，旨在探讨其技术原理、应用现状以及发展趋势。

　　化学量传感器和生物量传感器涉及生物学、化学、微电子学和材料科学等学科，是工程技术和基础学科连接的桥梁，对高等院校分析化学、电子科学与技术、生物医学工程等专业的学生具有较高的学习价值。本书以当前化学传感技术的基础理论和研究前沿为主要内容，全面、系统地介绍了各种化学量传感器、生物量传感器的特色及发展现状，力求向读者介绍各种传感器的设计思路、结构特点、研制目的和应用方法。全书共分为五章，涵盖传感器应用基础、化学量传感器原理与应用、电化学传感器原理与应用、生物量传感器原理与应用以及新型传感技术与应用等内容。

　　本教材由多位从事化学传感研究并具有丰富教学经验的教师编写，吉林大学贾晓腾副教授、孙鹏教授担任本书主编，吉林大学刘晓敏教授、刘方猛教授、辛美萤老师担任副主编。由于化学传感技术不断发展，新的理论方法和技术不断涌现，再加上编者的知识水平和时间有限，教材中难免存在一些不足之处，敬请读者批评指正。

编者

2024 年 7 月

目　录

第1章

绪　论

1.1　传感器的基本概念

1.1.1　传感器的定义

根据我国国家标准（GB/T 7665—2005《传感器通用术语》），传感器（transducer/sensor）的定义为：能感受被测量并按照一定的规律转换成可用输出信号的器件或装置，通常由敏感元件和转换元件组成。传感器曾被称为换能器或变送器（transmitter），近年来国际上多用"sensor"一词。

传感器的定义包含了以下四点含义。第一，传感器是测量装置，能完成检测任务。第二，它的输入量是某一被测量，可能是物理量，也可能是化学量、生物量等。第三，它的输出量是某种物理量，这种量要便于传输、转换、处理和显示等，可以是气、光、电等量，目前主要是电物理量。第四，输出量与输入量有确定的对应关系，且应具有一定的精确度。

最广义地来说，传感器是获得信息的装置，能够在感受到外界的信息后，按一定的规律把物理量、化学量或生物量等转变成便于利用的信号，转换后的信息便于测量和控制。国际电工委员会（International Electrotechnical Commission，IEC）对传感器的定义是：传感器是测量系统中的一种前置部件，它将输入变量转换成可供测量的信号。传感器是传感器系统的一个组成部分，它是被测量信号输入的第一道关口。

1.1.2　传感器的组成

传感器一般由敏感元件（sensing element）、转换元件（transducing element）、基本转换电路三部分组成，如图1-1所示。敏感元件指的是传感器中能直接感受或响应被测量的部分，是输出与被测量成确定关系的某一物理量的元件。转换元件指的是传感器中能将敏感元件感受或响应的被测量转换成适于传输或测量的电信号的部分，其输入就是敏感元件的输出。将上述电路参数接入基本转换电路（简称转换电路），便可转换成电量输出。传感器只完成被测参数至电量的基本转换，然后电量输入测控电路，进行放大、运算、处理等进一步转换以获得被测值或进行过程控制。

图 1-1 传感器的组成

实际上，有些传感器很简单，有些则较为复杂。最简单的传感器由一个敏感元件（兼转换元件）组成，它感受被测量时直接输出电量，如热电偶温度传感器等；有些传感器由敏感元件和转换元件组成，因转换元件的输出量已是电量，故无须转换电路，如压电式传感器等；有些传感器的转换元件不止一个，被测量要经过若干次转换。

敏感元件与转换元件在结构上常是安装在一起的，为了减小外界的影响，最好也将转换电路和它们安装在一起，不过由于空间的限制或者其他原因，转换电路常装入电箱中。不少传感器要在通过转换电路后才能输出电信号，这就决定了转换电路是传感器的组成部分之一。

随着集成电路制造技术的发展，现在已经能把一些转换电路和传感器集成在一起构成集成传感器。进一步的发展是将传感器和微处理器相结合，将它们装在一个检测器中，形成一种新型的"智能传感器"。它将具有一定的信号调理、信号分析、误差校正、环境适应等能力，甚至具有一定的辨认、识别、判断的功能。这种集成化、智能化的发展无疑将对现代工业技术的发展发挥重要的作用。

传感器除了需要敏感元件和转换元件两部分，还需要转换电路。其原因是进入传感器的信号幅度是很小的，而且混杂有干扰信号和噪声，需要相应的转换电路将其变换为易于传输、转换、处理和显示的形式。另外，除一些能量转换型传感器外，大多数传感器还需外加辅助电源，以提供必要的能量，辅助电源有内部供电和外部供电两种形式。为了方便随后的处理过程，要将信号整形成具有最佳特性的波形，有时还需要将信号线性化，该工作由放大器、滤波器以及其他一些模拟电路完成。在某些情况下，这些电路的一部分是和传感器部件直接相邻的，成形后的信号随后转换成数字信号，并输入微处理器。

同时，传感器承担将某个对象或过程的特定特性转换成数量的工作。其"对象"可以是固体、液体或气体，而它们的状态可以是静态的，也可以是动态（即过程）的。对象特性被转换量化后可以通过多种方式检测。对象的特性可以是物理性质，也可以是化学性质。按照传感器的工作原理，传感器将对象特性或状态参数转换成可测定的电信号，然后将此电信号分离出来，送入传感器系统加以评测或标示。

1.1.3 传感器相关的效应

从原理上讲，传感器都是以物理、化学及生物的各种规律或效应为基础的，因此了解传感器所基于的各种效应对学习、研究和使用各种传感器是非常必要的。本小节将介绍一些传感器的主要基础效应。本书的其他章节在介绍具体传感器的同时，还会进一步对某些效应及利用这些效应制成的传感器展开详细的讨论。

1.1.3.1　光电效应

光照射到物质上引起物质的电性质发生变化，这类光变致电的现象被人们统称为光电效应（photoelectric effect）。光电效应分为光电发射效应、光电导效应和光伏效应。前一种现象发生在物体表面，又称为外光电效应（external photoelectric effect）；后两种现象发生在物体内部，又称为内光电效应（internal photoelectric effect）。

（1）光电发射效应

在光照射下，物质内部的电子受到光子的作用，吸收光子能量而从表面释放出来的现象称为外光电效应。被释放的电子称为光电子，所以外光电效应又称为光电发射效应。外光电效应是由德国物理学家赫兹于 1887 年发现的，而对它正确的解释是由爱因斯坦提出的。基于外光电效应制作的光电器件有光电管、光电倍增管等。光子具有能量，每个光子的能量可表示为 $h\nu$，其中 $h = 6.626 \times 10^{-34}$ J·s，为普朗克常数；ν 为光的频率，单位为 Hz。

根据爱因斯坦光电效应理论，一个电子只接受一个光子的能量。因此，要使一个电子从物体表面逸出，必须使光子的能量大于该物体的表面逸出功（功函数），超过部分的能量表现为逸出电子的动能。外光电效应多发生于金属和金属氧化物，从光开始照射至金属释放电子所需时间不超过 10^{-9} s。

根据能量守恒定律可得

$$h\nu = \frac{1}{2}mv^2 + \varphi \tag{1-1}$$

式中，m 为电子质量，9.1095×10^{-31} kg；v 为电子逸出速率，m/s；φ 为逸出功，J。

光电子能否产生，取决于光电子的能量是否大于该物体的表面电子逸出功。不同的物质具有不同的逸出功，即每一个物体都有一个对应的光频阈值，称为截止频率（红限频率）。

光线频率低于红限频率时，光子能量不足以使物体内的电子逸出，因而小于红限频率的入射光，即使光强再强，也不会产生光电子发射；反之，入射光频率高于红限频率时，即使光线微弱，也会有光电子射出。当入射光的频谱成分不变时，产生的光电流与光强成正比，即光强越强，入射光子数目越多，逸出的电子数也就越多。

（2）光电导效应

在光线作用下，电子吸收光子能量从键合状态过渡到自由状态，引起材料电导率的变化，这种现象被称为光电导效应。基于这种效应的光电器件有光敏电阻。

当光照射到半导体材料上时，价带中的电子受到能量大于或等于带隙能量的光子轰击，使其由价带越过禁带，跃入导带，并使材料中导带内的电子和价带内的空穴浓度增加，从而使材料电导率变大。为了实现能级的跃迁，入射光的能量必须大于光电导材料的带隙能量。

（3）光伏效应

在光线作用下能够使物体产生一定方向电动势的现象称作光伏效应，基于该效应的光电器件有光电池、光电二极管、光电三极管。光伏效应根据其产生电势的机理可分为四种：势垒效应（也称为结光电效应）、横向光电效应（也称为侧向光电效应）、光磁电效应（photomagneto-electric effect，PME effect）和贝克勒尔效应（Becquerel effect）。

① 势垒效应。由半导体材料形成的 PN 结，在 P 区一侧的价带中有较多的空穴，而在 N 区一侧的导带中有较多的电子。由于扩散，P 区带负电、N 区带正电，它们积累在 PN 结附近，形成 PN 结的内建场，内建场阻止电子和空穴的继续扩散，最终达到动态平衡，在 PN 结区形成阻止电子和空穴继续扩散的势垒。

在入射光照射下，当光子能量大于光电导材料的带隙能量时，就会在材料中激发出光生电子-空穴对，破坏 PN 结的平衡状态。在 PN 结区的光生电子和空穴以及新扩散进 PN结区的电子和空穴在 PN 结电场的作用下，电子向 N 区移动，空穴向 P 区移动，从而形成光生电流。这些可移动的电子和空穴称为材料中的少数载流子。在探测器处于开路的情况下，少数载流子积累在 PN 结附近，降低势垒高度，产生一个与 PN 结内建场相反的光生电场，也就是光生电动势。

② 横向光电效应。当半导体光电器件受的光照不均匀时，光照部分吸收入射光子的能量，产生电子-空穴对，光照部分的载流子浓度比未受光照部分的载流子浓度大，导致出现载流子浓度梯度，因而载流子要扩散。如果电子迁移率比空穴大，那么空穴的扩散不明显，则电子向未受光照部分扩散，造成光照部分带正电，未受光照部分带负电，光照部分与未受光照部分产生光电动势，这种现象称为横向光电效应，也称为侧向光电效应。基于该效应的光电器件有光电位置探测器（PSD）。

③ 光磁电效应。半导体受强光照射并在光照垂直方向外加磁场时，垂直于光和磁场的半导体两端面之间产生电势的现象称为光磁电效应，可视为光扩散电流的霍尔效应。利用光磁电效应可制成半导体红外探测器。

④ 贝克勒尔效应。液体中的光伏效应。当光照射浸在电解液中的两个相同电极中的任意一个电极时，在两个电极间产生电势的现象称为贝克勒尔效应。光电池的工作原理基于此效应。

1.1.3.2　磁电效应

磁电效应（magnetoelectric effect）包括电流磁效应和狭义的磁电效应。电流磁效应是指磁场对通有电流的物体所引起的电效应，如磁阻效应和霍尔效应；狭义的磁电效应是指物体由电场作用产生的磁化效应（称作电致磁电效应）或由磁场作用产生的电极化效应（称作磁致磁电效应）。

（1）霍尔效应

对于置于磁场中的载流导体，当它的电流方向与磁场方向不一致时，载流导体上平行于电流和磁场方向上的两个面之间产生电动势，如图 1-2 所示，这种现象称为霍尔效应。导体板两侧形成的电势差 U_H 称为霍尔电压。产生霍尔效应的原因是形成电流的、做

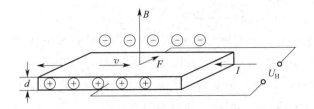

图 1-2　霍尔效应

定向运动的带电粒子，即载流子（N 型半导体中的载流子是带负电荷的电子，P 型半导体中的载流子是带正电荷的空穴）在磁场中受到洛伦兹力作用。

霍尔电压可以表示为

$$U_{H} = \frac{R_{H}IB}{d}\cos\theta \tag{1-2}$$

式中，I 表示通过导体的电流强度；B 表示磁场的磁感应强度；R_{H} 为霍尔系数；d 表示半导体材料的厚度；θ 表示磁场方向与电场方向之间的角度。

$$R_{H} = \rho\mu \tag{1-3}$$

式中，ρ 为载流子的电阻率；μ 为载流子的迁移率。d 越小，R_{H} 越大，则 U_{H} 越大，故一般霍尔元件是由霍尔系数很大的 N 型半导体材料制作的薄片，厚度为微米级。

根据霍尔效应，半导体材料可以构成各种霍尔式传感器。例如，当控制电流时，可以测量交直流磁感应强度和磁场强度；当控制电流、电压的比例关系时，可测量功率；当固定磁场强度大小及方向时，可以测量交直流电流和电压。利用这一原理还可以进一步精确测量力、位移、压差、角度、振幅、转速、加速度等各种参量。

（2）磁阻效应

1857 年英国物理学家汤姆森发现，当通以电流的半导体或金属薄片置于与电流垂直或平行的外磁场中时，其电阻会随外加磁场变化而变化，这种现象称为磁阻效应。在磁场作用下，半导体内电流分布是不均匀的，改变磁场的强弱会影响电流密度的大小，故表现为半导体的电阻变化。

同霍尔效应一样，磁阻效应也是由载流子在磁场中受到洛伦兹力而产生的。与霍尔效应不同的是，霍尔电压是指垂直于电流方向的横向电压，而磁阻效应是指沿电流方向的电阻变化。磁阻效应与材料的性质及几何形状有关，一般电子迁移率越大的材料，磁阻效应越显著，而元件的长宽比越小，磁阻效应越大。

目前，从一般磁阻开始，磁阻发展经历了巨磁阻、庞磁阻、隧穿磁阻、直冲磁阻和异常磁阻。磁阻器件由于灵敏度高、抗干扰能力强等优点，广泛用于磁传感器、磁力计、电子罗盘、位置和角度传感器、车辆检测器、GPS 导航、磁存储器（磁卡、硬盘）等领域。

1.1.3.3　压电效应和压阻效应

当沿着一定方向对某些电介质施力而使它变形时，其内部会产生极化现象（内部正负电荷向中心相对位移），同时在它的两个表面上会产生符号相反的电荷，当外力去掉后，其重新恢复到不带电状态，这种现象称为压电效应。

当作用力方向改变时，电荷的极性也随之改变，这种机械能转为电能的现象称为正压电效应。当在电介质极化方向施加电场时，这些电介质也会产生变形，这种现象称为逆压电效应（电致伸缩效应），可将电能转换为机械能。具有压电效应的材料称为压电材料，压电材料能实现机械能-电能（机-电）的相互转换。

压电材料可以因机械变形产生电场，也可以因电场作用产生机械变形，这种固有的机-电耦合效应使得压电材料在工程中得到了广泛的应用。例如，压电材料已被用来制作智能结构，此类结构除具有自承载能力外，还具有自诊断性、自适应性和自修复性等功能，在未来的飞行器设计中占有重要的地位。

半导体材料在受到外力或应力作用时，其电阻率发生变化的现象称为压阻效应。压阻效应被用来制作成各种压力、应力、应变、速度、加速度传感器，可以把力学量转换成电信号。

1.1.3.4　表面效应和界面效应

纳米材料的表面效应（surface effect）是指纳米粒子的表面原子数与总原子数之比随粒径的变小而急剧增大后所引起的性质上的变化。球形颗粒的表面积与直径的平方成正比，其体积与直径的立方成正比，故其比表面积（表面积/体积）与直径成反比。随着颗粒直径的变小，比表面积将会显著地增加。当粒子直径减小到纳米级时，不仅表面原子数会迅速增加，而且表面积、表面能都会迅速增加。这主要是因为处于表面的原子数较多，表面原子的晶场环境和结合能与内部原子不同。表面原子周围缺少相邻的原子，有许多悬空键，具有不饱和性质，易与其他原子相结合而稳定下来，故具有很大的化学活性。晶体微粒化伴有这种活性表面原子的增多，其表面能大大增加。这种表面原子的活性不但引起纳米粒子表面原子的输送和构型变化，同时也引起表面电子的自旋构象和电子能谱的变化。

纳米材料具有非常大的界面，界面的原子排列是相当混乱的，原子在外力变形的条件下很容易迁移，因此表现出很好的韧性与一定的延展性，这使纳米材料具有新奇的界面效应。

1.1.4　传感器的分类

一般来说，测量同一种被测参数可以采用的传感器有多种。反过来，同一个传感器也可以用来测量多种被测参数。而基于同一种传感器原理或同一类技术可制作多种被测量的传感器，因此传感器产品多种多样。传感器的分类方法有很多种，例如，可按照工作原理、能量变换关系、输出信号类型、制作材料及制造工艺等不同方式对传感器进行分类。

1.1.4.1　按工作原理分类

按传感器的工作原理可将传感器分为物理量传感器、化学量传感器、生物量传感器。

物理量传感器应用的是物理效应，如压电、逆压电、极化、热电、光电、磁电等效应。被测信号量的微小变化都将转换成电信号。可以将传感器分为电阻式传感器（被测量变化转换成电阻的变化）、电感式传感器（被测量变化转换成电感的变化）、电容式传感器（被测量变化转换成电容的变化）、应变式传感器（被测量变化转换成应变，从而引起电阻的变化）、压电式传感器（被测量变化转换成静电电荷或电压的变化）、热电式传感器（被测量变化转换成热生电动势的变化）等。

化学量传感器包括那些以化学吸附、电化学反应等现象为因果关系的传感器，被测信号量的微小变化将转换成电信号，即将各种化学物质的特性（如气体离子、电解质浓度、空气湿度等）的变化定性或定量地转换成电信号，如离子传感器、气体传感器、湿度传感器和电化学式传感器。

大多数传感器是以物理原理为基础运作的。化学量传感器技术问题较多，如可靠性问题、规模生产的可能性问题、价格问题等，解决了这些难题，化学量传感器的应用将会有巨大增长。而有些传感器既不能划分到物理类，也不能划分为化学类，即为生物类。

常见传感器的种类和工作原理见表 1-1。

表 1-1　传感器的种类和工作原理

传感器种类	工作原理	被测量的非电学量
力敏电阻半导体传感器、热敏电阻温度传感器	阻值变化	力、加速度、温度、湿度、气体
电容式传感器	电容量变化	力、加速度、液面高度、湿度
电感式传感器	电感量变化	力、加速度、转矩、磁场
霍尔式传感器	霍尔效应	角度、力、磁场
压电式传感器、超声波传感器	压电效应	压力、加速度、距离
热电式传感器	热电效应	温度、热流量、温差
光电传感器	光电效应	辐射、角度、位移、转矩

1.1.4.2　按能量变换关系分类

传感器系统的性能主要取决于传感器，传感器把某种形式的能量转换成另一种形式的能量。依据检测过程中是否需要外界能源，传感器可分为有源传感器和无源传感器，其信号流程如图 1-3 所示。

有源传感器也称为能量转换型传感器或换能器，能将一种能量形式直接转变成另一种，不需要外接能源或激励源，如超声波传感器、热电偶温度传感器、光电池等。

与有源传感器相反，无源传感器不能直接转换能量形式，但它能控制从输入端输入的能量或激励能，故其也称为能量控制型传感器，大部分传感器（如电容式高分子湿度传感器、热敏电阻温度传感器等）都属于这类。由于需要为敏感元件提供激励源，无源传感器通常比有源传感器有更多的引线，传感器的总体灵敏度受到激励信号幅度的影响。此外，激励源的存在可能会增加在易燃易爆气体环境中引起爆炸的风险，无源传感器在某些特殊场合的应用需要引起足够的重视。

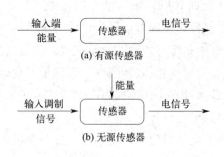

图 1-3　传感器的信号流程

1.1.4.3　按输出信号类型分类

按照输出信号的类型，传感器可分为模拟式与数字式两类。

① 模拟式传感器将被测量的非电学量转换成模拟电信号，其输出信号中的信息一般以信号的幅度表达。

② 数字式传感器将被测量的非电学量转换成数字输出信号（包括直接和间接转换）。数字传感器不仅重复性好、可靠性高，而且不需要模数转换器（ADC），比模拟信号更容易传输。由于敏感机理、研发历史等多方面的因素，目前真正的数字式传感器种类非常少，许多所谓的数字式传感器实际只是输出为频率或占空比的准数字式传感器。

准数字式传感器将被测量的信号量转换成频率信号或短周期信号输出（包括直接或间接转换）。准数字式传感器输出的是矩阵波信号，其频率或占空比随被测参量变化而变化。由于这类信号可以直接输入微处理器内，利用微处理器的计数器即可获得相应的测量值，因此准数字式传感器与数字集成电路具有很好的兼容性。

1.1.4.4　按制作材料分类

在外界因素的作用下，所有材料都会做出相应的、具有特征性的反应。它们中那些对外界作用最敏感的材料（即那些具有功能特性的材料）被用来制作传感器的敏感元件。从所应用的材料出发，可将传感器分成下列几类：

① 按照其所用材料的类别，传感器可分为金属传感器、聚合物传感器、陶瓷传感器和混合物传感器；

② 按材料的物理性质，传感器可分为导体传感器、绝缘体传感器、半导体传感器和磁性材料传感器；

③ 按材料的晶体结构，传感器可分为单晶材料传感器、多晶材料传感器和非晶材料传感器。

另外，与采用新材料紧密相关的传感器开发工作可以归纳为下面三个方向：

① 在已知的材料中探索新的现象、效应和反应，然后使它们能在传感器技术中得到实际使用；

② 探索新的材料，应用那些已知的现象、效应和反应来改进传感器技术；

③ 在研究新型材料的基础上探索新现象、新效应和反应，并在传感器技术中加以具体实施。

现代传感器制造业的发展取决于用于传感器的新材料和敏感元件的开发进度。传感器开发的基本趋势是和半导体以及介质材料的应用密切关联的。

1.1.4.5　按制造工艺分类

传感器的制造工艺不尽相同，按照制造工艺，可将传感器分类为集成传感器、薄膜传感器、厚膜传感器和陶瓷传感器等。

集成传感器是用标准的生产硅基半导体集成电路的工艺技术制造的，通常还将用于初步处理被测信号的部分电路集成在同一芯片上。

薄膜传感器是由沉积在介质衬底（基板）上相应敏感材料的薄膜形成的，使用混合工艺时，同样可将部分电路制造在此基板上。

厚膜传感器是利用相应材料的浆料涂覆在陶瓷基片上制成的，基片通常是由 Al_2O_3 制成的，需要进行热处理，使厚膜成形。

陶瓷传感器采用标准的陶瓷工艺或其某种变种工艺（溶胶-凝胶等）生产。

厚膜传感器和陶瓷传感器的工艺有许多共同特性，在某些方面可以认为厚膜工艺是陶瓷工艺的一种变形。每种工艺技术都有优点和缺点，由于研究、开发和生产所需的成本不同等，可以根据实际情况选择不同类型的传感器。本书所罗列的只是一部分传感器的类型，随着我国工业化程度的提高，又出现了许多新型的传感器，在此书中不做更深的探讨。

1.2　传感器的基本特性

传感器作为感受被测量信息的器件，人们总是希望它能按照一定的规律输出有用信号，因此需要研究其输出-输入的关系及特性，以便用理论指导其设计、制造、校准与使用。在理论和技术上通常采用建立数学模型来表征输出-输入之间的关系，这也是研究科学问题的基本出发点。

传感器所测量的非电量一般有两种形式：一种是稳定的，即不随时间变化或变化极其缓慢的信号，称为静态信号；另一种是随时间变化而变化的信号，称为动态信号。由于输入量的状态不同，传感器所呈现的输入-输出特性也不同，因此存在所谓的静态特性和动态特性。

为了降低或消除传感器在测量控制系统中的误差，传感器必须具有良好的静态特性和动态特性，才能使信号（或能量）按规律准确地转换。

1.2.1　传感器的静态特性

传感器的静态性能指标包括以下几种。

（1）灵敏度

灵敏度（sensitivity）是指传感器在稳态下输出量的变化值与相应的被测量的变化值

之比，用 K 表示，即

$$K = \frac{\mathrm{d}y}{\mathrm{d}x} \approx \frac{\Delta y}{\Delta x} \tag{1-4}$$

式中，x 为输入量；y 为输出量。

对线性传感器而言，灵敏度为一常数；对非线性传感器而言，灵敏度随输入量的变化而变化。从传感器输出曲线看，曲线越陡，灵敏度越高。可以通过作该曲线切线的方法（作图法）求得曲线上任一点的灵敏度。用作图法求取传感器的灵敏度如图 1-4 所示。从切线的斜率可以看出，x_2 点的灵敏度比 x_1 点高。

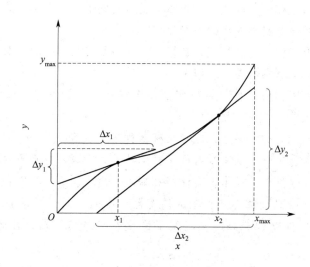

图 1-4　作图法求传感器灵敏度

（2）分辨力

分辨力（resolution）是指传感器能检出被测信号的最小变化量，是有量纲的数。当被测量的变化小于分辨力时，传感器对输入量的变化无任何反应。对数字仪表而言，如果没有其他附加说明，一般可以认为该表的最后一位所表示的数值就是它的分辨力。一般情况下，不能把仪表的分辨力当作仪表的最大绝对误差。例如，数字式温度计的分辨力为 0.1℃，若该仪表的准确度为 1.0 级，则最大绝对误差将达到 ±2.0℃，比分辨力大得多。

仪表或传感器中还经常用到"分辨率"的概念。将分辨力除以仪表的满量程就是仪表的分辨率，分辨率常以百分比或几分之一表示，是量纲为 1 的数。

（3）线性度

人们总是希望传感器的输入与输出的关系成正比，即呈线性关系，这样可使显示仪表的刻度均匀，在整个测量范围内具有相同的灵敏度，并且不必采用线性化措施。但大多数传感器的输入-输出特性总是具有不同程度的非线性，可以用下列多项式代数方程表示，即

$$y = a_0 + a_1 x + a_2 x^2 + a_3 x^3 + \cdots + a_n x^n \tag{1-5}$$

式中，y 为输出量；x 为输入量；a_0 为零点输出；a_1 为理论灵敏度；a_2，a_3，$\cdots$，

a_n 为非线性项系数。

线性度（linearity）是指传感器实际特性曲线与理想拟合直线（有时也称理论直线）之间的最大偏差与传感器满量程范围内的输出的百分比，它可用式(1-6)表示，且多取正值。

$$\gamma_{\mathrm{L}} = \frac{\Delta_{\mathrm{Lmax}}}{y_{\max} - y_{\min}} \times 100\%$$ (1-6)

式中，Δ_{Lmax} 为最大非线性误差；$y_{\max}$、$y_{\min}$ 分别为量程的最大、最小值。

求取拟合直线的方法有很多种，对于不同的拟合直线，得到的非线性误差也不同。可以将传感器输出的起始点与满量程点连接起来的直线作为理论拟合直线，这条直线也称为端基理论直线，按上述方法得出的线性度称为端基线性度，作图方法如图 1-5 所示。设计者和使用者总是希望非线性误差越小越好，即希望仪表的静态特性接近于直线，这是因为线性仪表的刻度是均匀的，容易标定，不容易引起读数误差。

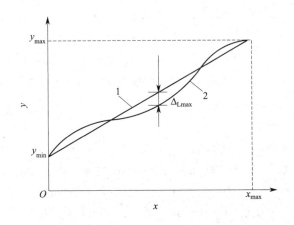

图 1-5 端基线性度作图方法
1—理想拟合曲线；2—实际曲线

（4）迟滞

迟滞（hysteresis）又称为回差或变差，是指传感器正向特性和反向特性的不一致程度，可用式(1-7)表示。

$$\gamma_{\mathrm{H}} = \frac{\Delta_{\mathrm{Hmax}}}{y_{\max} - y_{\min}} \times 100\%$$ (1-7)

式中，Δ_{Hmax} 为最大迟滞偏差；$y_{\max}$、$y_{\min}$ 分别为量程的最大、最小值。

迟滞会引起重复性和分辨力变差，导致测量盲区，故一般希望迟滞越小越好。产生迟滞现象的原因一般有传感器敏感元件材料的弹性滞后、运动部件摩擦、传动机构的间隙、紧固件松动等。

（5）稳定性

稳定性（regulation）包含稳定度和环境影响量两个方面。稳定度指的是仪表在所有条件都恒定不变的情况下，在规定的时间内能维持其示值不变的能力。稳定度一般以仪表的示值变化量和时间之比来表示。例如，某仪表输出电压值在 8h 内的最大变化量为 1.2mV，则表示为 1.2mV/8h。实际应用中的稳定度调整方法：在测量前，可以将输入端短路，通过重新调零来调整。灵敏度漂移将使仪表的输入-输出曲线的斜率产生变化，方法为将标准信号，如由稳压二极管产生的 2.500V 电压经确定的衰减器施加到仪表的输入端，测出受环境影响前后输出信号的比例系数，将其作为乘法修正系数。

1.2.2 传感器的动态特性

传感器的动态特性是指其输出对随时间变化的输入量的响应特性。一个动态特性好的传感器，其输出随时间的变化规律将再现输入随时间的变化规律，即和输入量具有相同的时间函数。实际上输出信号不会与输入信号具有相同的时间函数，这种输出与输入间的差异就是所谓的动态误差。

以动态测温为例，设环境温度为 T_0，水槽中水的温度为 T，而且 $T > T_0$。将传感器突然插入被测介质中，用热电偶测温，在理想情况下测试曲线的输出值是呈阶跃变化的，而实际上热电偶输出值存在一个过渡过程，输出值是缓慢变化的。

热电偶输出波形失真和产生动态误差的原因是温度传感器有热惯性（由传感器的比热容和质量大小决定）和传热热阻，动态测温时传感器输出总是滞后于被测介质的温度变化。这种热惯性是热电偶固有的，因此热电偶测量快速温度变化时会产生动态误差。

动态特性除了与传感器的固有因素有关之外，还与传感器输入量的变化形式有关。传感器的种类和形式很多，但一般可以简化为一阶或二阶系统。分析了一阶和二阶系统的动态特性，就可以对各种传感器的动态特性有基本了解。动态特性可以从时域和频域两个方面采用瞬态响应法和频率响应法来分析研究。

1.3 传感器的发展现状和趋势

传感器技术与通信技术、计算机技术被称为现代信息技术的三大支柱。因其技术含量高、渗透能力强以及市场前景广阔等特点，引起了世界各国的广泛重视。传感器技术所涉及的知识领域非常广泛，其研究和发展也越来越多地和其他学科技术的发展紧密联系。下面介绍传感器技术的发展现状，综述近几年世界高端前沿的微机电系统（MEMS）传感器技术的主要研究状况，并通过简述当前我国传感器的发展状况，展望现代传感器技术的发展和应用前景。

1.3.1 国际传感器发展现状

早在 20 世纪 80 年代，美国就宣称世界已进入了传感器时代，成立了国家技术小组（BTG），帮助政府组织和领导各大公司与国家企事业部门的传感器技术开发工作。在对美国国家长期安全和经济繁荣至关重要的 22 项技术中，有 6 项与传感器信息处理技术直接相关。日本把开发和利用传感器技术作为国家重点发展的六大核心技术之一。日本科学技术厅制定的 20 世纪 90 年代重点科研项目中有 70 个重点课题，其中有 18 项与传感器技术密切相关。

传感器在资源探测、环境监测、安全保卫、医疗诊断、家用电器、农业现代化等领域都有广泛应用。在军事方面，美国已为 F-22 战机装备了新型的多谱传感器，实现了全被动式搜索与跟踪，可在有雾、烟或雨等各种恶劣天气情况下使用，不仅可以全天候作战，还提高了隐身能力。英国在航天器上使用的传感器有 100 多种，总数有 4000 多个，用于监测航天器的信息、验证设计的正确性，并可以在遇到问题时做出诊断。日本则在"雷达 4 号"卫星上安装了传感器，可全天候对地面目标进行拍摄。

在世界范围内，传感器市场上增长最快的是汽车市场，其次是通信市场。汽车电子控制系统水平的高低关键在于采用传感器数量的多少，目前一台普通家用轿车安装几十到上百个传感器，豪华轿车有 200 多个传感器。我国是汽车生产大国，年产汽车一千多万辆，但是汽车用的传感器几乎被国外垄断。

1.3.2　我国传感器发展现状

早在 20 世纪 60 年代，我国就开始涉足传感器制造业，"八五"期间，我国将传感器技术列为国家重点科技攻关项目，建成了传感器技术国家重点实验室、国家传感器工程研究中心等研究开发基地，并将 MEMS 等研究项目列入了国家高新技术发展重点。目前，传感器产业已被公认为具有发展前途的高技术产业，它以技术含量高、经济效益好、渗透力强、市场前景广等特点为世人所瞩目。我国工业现代化进程和电子信息产业以每年 20% 以上的速度高速增长，带动传感器市场快速上升。我国手机产量突破 7.5 亿台，手机市场增长给传感器市场带来新机遇，该领域占传感器市场的 1/4。

与此同时，我国在传感器发展方面的问题也日益突出。我国虽然传感器企业众多，但大多面向中低端领域，技术基础薄弱，研究水平不高，许多企业都是引用国外的芯片加工，自主研发的产品较少，自主创新能力薄弱，在高端领域市场份额较低。此外，科研院所在传感器技术的研究方面已与国际接轨，但产业化瓶颈迟迟未能突破。目前我国从事传感器技术研发的主要是高校、中国科学院和相关部委的研究机构，企业的技术实力有待进一步提升。

目前我国电感器件产业链上游主要为电感材料、导电材料、封装材料和生产设备，其中电感材料包括铁氧体粉、介电陶瓷粉、磁芯和瓷芯，导电材料包括银浆、铜杆等。电感器件产业链中游主要为电感器件的生产，从外形区分，包括叠层片式电感器、绕线片式电感器和插式电感器；从功能区分，包括功率电感、共模电感和射频电感。电感器件产业链的下游主要为各个电子领域，包括通信、消费电子、工业电子、汽车电子等。

近年来，我国对传感器产业的重视不断提高，并出台了一系列政策推进其发展。我国电感器件行业主要以发展片式电感器件为主，所应用的场景顺应产业升级变化而有所变化。"十二五"规划时期，小部分省份率先推动发展片式电感器，加速推进电子元器件产品升级，同时推动应用于智能电网、风电场的电感器件的发展；"十三五"规划时期，国家持续大力发展电感器件，以顺应消费电子和汽车电子产业扩大的需求；"十四五"规划时期，国家推动片式电感器与半导体工艺深度融合，继续向微型化、片式化发展，顺应智能终端、5G 产业的发展。2021 年 9 月，中国电子元件行业协会发布《中国电子元器件行业"十四五"发展规划（2021—2025 年）》，该规划指出，到 2025 年，中国电阻电位器、电容器、电子陶瓷器件、磁性材料元件、电子变压器、电感器件等十七大类电子元器件分支行业销售总额达到 24628 亿元，2020—2025 年均增长 5.5%。同时，该规划还提出要促进中国电子元器件本土企业的健康成长，到 2025 年，中国本土企业的十七大电子元器件销售总额达到 18450 亿元，2020—2025 年均增长 7.2%。

目前，我国已经形成世界上产销规模最大、门类较为齐全、产业链基本完整的电子元器件工业体系，但我国电子元器件行业大而不强的问题依然突出，主要表现在基础能力偏弱、自主创新力不强、龙头企业匮乏等方面。为解决电子元器件行业"卡脖子"问题，推动我国信息技术产业健康发展，《基础电子元器件产业发展行动计划（2021—2023 年）》提出要加强产学研协同创新，通过创建制造业创新中心等公共服务平台建设，推动关键共性技术、前沿技术攻关和产业化。同时，强化应用牵引，在 5G、新能源汽车关键领域，着力优化采购模式，倡导优质廉价，规避市场非理性行为，推动电子元器件差异化应用，以系统性创新弥补局部或单点不足。为解决电子元器件行业散而小等问题，应建立沟通机制，加强协同配合，适时推动产业主体集中与区域集聚。

1.3.3 传感器发展趋势

随着人们对事物的进一步认识以及科技的不断发展，传感器技术大体上经历了三个时期。

第一代是结构型传感器，它利用结构参量变化来感受和转换信号。例如，电阻应变式传感器，它是利用金属材料发生弹性形变时电阻的变化来转换成电信号的。

第二代传感器是 20 世纪 70 年代开始发展起来的固体传感器，这种传感器由半导体、电介质、磁性材料等固体元件构成，是利用材料的某些特性制成的，如利用热电效应、霍尔效应、光敏效应分别制成热电偶温度传感器、霍尔式传感器、光传感器等。20 世纪 70 年代后期，随着集成技术、分子合成技术、微电子技术及计算机技术的发展，出现了集成传感器。集成传感器包括两种类型，即传感器本身的集成化和传感器与后续电路的集成化，如电荷耦合器件（CCD）、集成温度传感器 AD590、集成霍尔传感器 UG3501 等。这类传感器主要具有成本低、可靠性高、性能好、接口灵活等特点。集成传感器发展非常迅速，现已占传感器市场的 2/3 左右，它正朝着低价格、多功能和系列化方向发展。

第三代传感器是 20 世纪 80 年代发展起来的智能传感器。智能传感器对外界信息具有一定的检测、自诊断、数据处理及自适应能力，是微型计算机技术与检测技术相结合的产物。20 世纪 80 年代，智能化测量主要以微处理器为核心，把传感器信号调节电路、微计算机、存储器及接口集成到一块芯片上，使传感器具有一定的人工智能。20 世纪 90 年代，智能化测量技术有了进一步的提高，在传感器一级水平实现智能化，使其具有自诊断功能、记忆功能、多参量测量功能以及联网通信功能等。新技术的层出不穷，使传感器的发展呈现出新的特点。传感器与微机电系统（MEMS）的结合，已成为当前传感器领域关注的新趋势。目前美国相关机构已经开发出名为"智能灰尘"的 MEMS 传感器，这种传感器只有 1.5mm，质量只有 5g，但是却装有激光通信 CPU、电池等组件，以及速度、加速度、温度等多个传感器。以往制作这样一个系统，尺寸会非常大，智能灰尘尺寸如此之小，却可以自带电源、通信，并可以进行信号处理，可见传感器技术进步之快。MEMS 传感器目前已在多个领域有所应用。比如，iPhone 手机中装有陀螺仪、麦克风、电子快门等多个 MEMS 传感器；耐克公司推出的一款"智能鞋垫"也内置了 MEMS 传感器，可以记录用户运动的数据，并与手机连接将数据上传。此外，MEMS 传感器在医疗领域也发挥着重要的作用。比如，患者在测量眼压时可能过于紧张导致眼压很难测准，而利用 MEMS 传感器技术，将眼压计内嵌到角膜接触镜中，就可以更方便地对患者进行检测，测量出来的数据也更为准确。

除了与 MEMS 结合外，传感器还与仿生学结合，并产生了诸多新的应用。法国已研制出模仿人类眼睛的视觉晶片，可以模仿人类眼睛的功能，分辨不同颜色，并观测动作。奔腾处理器每秒能处理数百万项指令，而这种视觉晶片每秒能处理大约两百亿项指令。这种仿生视觉晶片将会引起感测与成像的革命，并在国防领域得到广泛的应用。

此外，生物传感器是近年来的研究热点之一。生物传感器可以通过与生物体接触或与生物体产生反应来感知生物信息，并将其转化为可用信号。这种传感器在医疗诊断、生物研究等方面具有广阔的应用前景。

传感器的发展可以说是与科技的进步紧密相连的，新技术的崛起，推动了传感器的创新和改进。不仅如此，传感器本身的进步反过来也促进了科技的发展。

1.3.4　传感器发展方向

当前技术水平下的传感器系统正朝着微小型化、智能化、多功能化和网络化的方向发展。今后，随着计算机辅助诊断（CAD）技术、MEMS 技术、信息理论及数据分析算法的继续向前发展，未来的传感器系统必将变得更加微型化、综合化、多功能化、智能化和系统化。在各种新兴科学技术呈辐射状广泛渗透的社会，传感器系统作为现代科学的"耳目"，以及人们快速获取、分析和利用有效信息的基础，必将进一步得到社会各界的普遍关注，我国也必将加大研发新型传感器的力度。

思考题

1. 讲述你所理解的传感器概念。
2. 一个可供使用的传感器由哪几部分构成？各部分的作用是什么？
3. 传感器有哪些原理？分类标准有哪些？
4. 简要概括传感器的两种基本特性。
5. 谈谈你对传感器发展方向的看法。

参考文献

[1] 传感器的基本概念 [J]. 电子测试，2007（Z1）：48.

[2] 蒋长荣，刘树勇. 爱因斯坦和光电效应 [J]. 首都师范大学学报（自然科学版），2005（4）：32-37.

[3] 段纯刚. 磁电效应研究进展 [J]. 物理学进展，2009，29（3）：215-238.

[4] 颜鑫，张霞. 传感器原理及应用 [M]. 北京：北京邮电大学出版社，2020.

[5] 郑彦平. 传感器的分类、构成与发展动向 [J]. 云南民族学院学报（自然科学版），2001（1）：308-310.

[6] 李东晶. 传感器技术及应用 [M]. 北京：北京理工大学出版社，2020.

[7] 邸绍岩，焦奕硕. MEMS 传感器技术产业与我国发展路径研究 [J]. 信息通信技术与政策，2021，47（3）：66-70.

第 2 章

化学量传感器

化学量传感技术在生物医学、环境保护、工业及农业生产中有非常重要的应用价值。社会的发展和技术的进步对化学量传感器的性能提出了更高的要求，比如更快的响应、更高的灵敏度和特异性、更好的稳定性。微电子和精密加工技术的发展为化学量传感器的发展提供了良好的机遇，推动化学量传感器向微型化、集成化和自动化方向发展，并且电化学检测技术也为开发新型化学量传感器提供了新的途径。本章首先介绍化学量传感器的基本概念和基本原理，接着介绍几种典型的化学量传感器的概念、基本原理和应用，包括湿度传感器、气体传感器和光化学传感器。

2.1 化学量传感器概述

2.1.1 基本概念和原理

化学量传感技术是一个前沿热点领域，正日益受到人们关注。近年来，随着微加工技术的快速进展，人们利用新型敏感元件，结合不同的转换元件开发了各种类型的化学量传感器，并应用于生物医学、环境保护、工业及农业生产等诸多领域，具有非常广阔的应用前景。国际纯粹与应用化学联合会将化学量传感器（chemical sensors）定义为一种小型化的、能专一和可逆地把某种特定样品的浓度或总成分分析等化学信号转换成可用的分析信号的装置，它包括两个基本组件，化学（模块化）识别系统（受体）和物理化学换能器。当前，化学量传感器已成为检测与分析化学信息的重要手段，这些化学信息涵盖了从特定样品组分浓度到整体成分分析的广阔领域。化学量传感器还具有结构简单、样品消耗少、测量快速、灵敏度高等优点，因此得到了广泛应用，比如可以用于检测气体（氧气、一氧化氮和二氧化碳等）以及各种离子（如氢、钾、钠、钙、氯离子等）的含量。

化学量传感器的基本组成结构包括三大部分，即敏感元件、转换元件以及信号处理和显示电路。其基本原理是利用敏感元件与样品里的待测分子发生相互作用，使其物理、化学性质发生变化，产生离子、电子、热、质量和光等信号的变化，再通过转换元件检测并转换成可以被外围电路识别的信号，经放大和处理后，以适当形式显示出信号，供人们使用。敏感元件（sensitive element）也称识别元件，是化学量传感器的关键部件，能直接感受被测的化学量，并输出与被测量成确定关系的其他量。识别元件具备的选择性使传感器对某种或某类分析物质产生选择性响应，可以在干扰物质存在的情况下检测目标物。转换元件又称换能器，可以进行信号转换，负责将识别元件输出的响应信息转换为可被外围电路识别的信号，最终通过外围电路处理和显示出来，供人们使用。识别元件与换能器的耦合效率对传感器的性能有很大影响，为了提高检测性能，识别元件通常以薄膜的形式并通过适当的方式固定在换能器表面，确保敏感材料和换能器的牢固结合，并在一定时间内保持稳定。

2.1.2 基本类型与特点

化学量传感器种类繁多，如图 2-1 所示，根据不同的标准有不同的分类：按照检测原理，有电化学传感器、光学传感器、气相色谱传感器和质量传感器；按照材料，有半导体传感器、聚合物传感器和纳米材料传感器；按照应用领域，有环境监测传感器、医疗健康传感器和工业过程控制传感器。

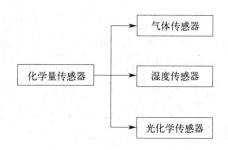

图 2-1　化学量传感器分类

化学量传感器的主要特点可以概括为以下几个方面：

① 多学科交叉融合的产物。化学量传感器涉及的学科门类众多，既包括物理、化学、生物等基础学科，也涉及电子工程、计算机等应用学科，其发展是建立在多学科交叉融合的基础上的。

② 面向应用的设计开发，种类繁多。化学量传感器的检测对象种类多、性质各异，化学量传感器需要根据不同的应用，针对检测对象的性质和检测方法的特点，选择不同的技术路线，设计合适的传感器结构形式。

③ 集成化和自动化程度高。得益于微加工和微电子技术的快速发展，化学量传感器的集成化和自动化程度也日益提高，能够更好地满足实际应用中对实时、现场和快速检测的需求。

2.1.3 发展概况及趋势

化学量传感器的产生可以追溯到 1906 年，Cremer 发明了第一支基于玻璃薄膜的、用于测定氢离子浓度的 pH 电极，这种电极在 1930 年进入实用。之后，化学量传感器发展较慢，仅在 1938 年有报道利用氯化锂制作湿度传感器。直到 20 世纪 60 年代，随着新技术、新材料、新方法的不断出现与应用，化学量传感器才开始快速发展，出现了各种化学量传感器，比如压电式传感器、超声波传感器、光传感器等。电化学式传感器也获得了迅速发展，占化学量传感器的 90% 左右，尤其是离子选择性电极，曾一度占所有化学量传感器的 50% 以上。到 20 世纪 80 年代后期，随着微电子技术的发展，出现了基于光信号、热信号、质量信号的化学量传感器，扩充了化学量传感器大家族，并且改变了电化学式传感器占绝对优势的局面。

化学量传感器为化学量的检测提供了自动化、简便和快速的技术手段。随着微加工工艺的不断发展与完善，特别是功能化膜材料、模式识别技术、微机械加工技术等技术的融合，化学量传感器在检测性能与远程检测能力方面有了显著提高，并成为一种方便实用的分析技术与手段，不断被应用于生物医学、环境保护、工农业生产等领域，发展十分迅猛。目前，化学量传感器的检测灵敏度和检测下限还有很大的提升空间，可以在进一步的研究中不断完善提高，以满足不断增长的实际应用对化学量传感器的需求。

2.2　湿度传感器

湿度传感器也叫湿敏传感器，是能够感受外界湿度变化，并通过器件材料的物理或化学性质变化，将湿度转化成可测电信号的器件。

湿度检测较其他物理量的检测更为困难，首先是因为空气中水蒸气含量要比空气少得多；其次，液态水会使一些高分子介质材料溶解，一部分水分子电离后与溶入水中的空气中的杂质结合成酸或碱，使湿敏材料发生不同程度的腐蚀和老化，从而丧失其原有的性质；最后，湿度信息的传递必须靠水对湿敏元件直接接触来完成，因此湿敏元件只能直接暴露于待测环境中，不能密封。

通常，对湿敏元件有下列要求：在各种气体环境下稳定性好，响应时间短，寿命长，有互换性，耐污染和受温度影响小等。微型化、集成化及廉价是湿敏元件的发展方向。

2.2.1　湿度传感器概述

（1）湿度与露点

通常将空气或其他气体中的水含量（即水蒸气的含量）称为湿度，而将固体物质中的水含量称为含水量。通常用质量分数和体积分数、绝对湿度、相对湿度和露点（或露点温度）来表示湿度。

① 质量分数和体积分数。在质量为 M 的混合气体中，若含水蒸气的质量为 m，则质量分数为 m/M。在体积为 V 的混合气体中，若含水蒸气的体积为 v，则体积分数为 v/V。

② 绝对湿度 H_a。绝对湿度是指单位体积的空气中含水蒸气的质量，其表达式为

$$H_a = \frac{m_v}{V} \tag{2-1}$$

式中，m_v 为待测空气中水蒸气的质量；V 为待测空气的总体积。

③ 相对湿度 H_r。在一定的温度和气压下，湿空气达饱和时的蒸气压，称为饱和蒸气

压。相对湿度为待测空气中蒸气压与相同温度下水的饱和蒸气压的百分比。

$$H_r = \frac{p_v}{p_w} \times 100\% \tag{2-2}$$

相对湿度给出大气的潮湿程度，它是一个无量纲的量，在实际使用中多使用相对湿度的概念。

④ 露点。水的饱和蒸气压随温度的降低而逐渐下降。在同样的空气蒸气压下，温度越低，则空气的蒸气压与同温度下水的饱和蒸气压差值越小。当空气温度下降到某一温度时，空气中的蒸气压与同温度下水的饱和蒸气压相等。此时，空气中的水蒸气将向液相转化而凝结成露珠，相对湿度为100%，该温度称为空气的露点温度。如果这一温度低于0℃，水蒸气将结霜，又称为霜点温度。

空气蒸气压越小，露点越低，因而可用露点表示空气中的湿度，温度与露点关系示意图如图2-2所示。

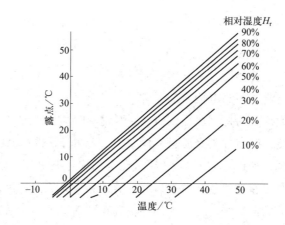

图 2-2　温度与露点关系示意图

（2）湿度传感器的主要性能指标

湿度传感器是由湿敏元件及转换电路组成的，具有把环境湿度转变为电信号的能力。其主要性能指标有以下几点。

① 感湿特性。感湿特性为湿度传感器特征量（如电阻、电容量、频率等）随湿度变化的关系。

② 相对湿度特性。在规定的工作湿度范围内，湿度传感器的电阻随环境湿度变化的关系特性曲线。

③ 感湿灵敏度。感湿灵敏度又叫湿度系数。指在某一相对湿度范围内，相对湿度改变1%时，湿度传感器电参量的变化值或百分率。

④ 感湿温度系数。感湿温度系数指环境温度每变化1℃时，所引起的湿度传感器的湿度误差，即

$$感湿温度系数 = \frac{H_1 - H_2}{\Delta T} \tag{2-3}$$

式中，ΔT 为 25℃与另一规定环境温度之差；H_1 为温度 25℃时湿度传感器某一电阻（或电容值）对应的相对湿度；H_2 为另一规定环境温度下湿度传感器另一电阻（或电容值）对应的相对湿度。

⑤ 电压特性。当用湿度传感器测量湿度时，所加的测试电压，不能用直流电压。由于加直流电压引起感湿体内水分子的电解，电导率随时间的增加而下降，故测试电压采用交流电压。电压特性指湿度传感器的电阻与外加交流电压之间的关系。

（3）含水量检测方法

含水量的检测方法大致有称重法、电导法、电容法、红外吸收法和微波吸收法。

① 称重法。测出被测物质烘干前后的质量 G_H 和 G_D，则含水量为

$$w=\frac{G_H-G_D}{G_H}\times 100\% \tag{2-4}$$

② 电导法。固体物质吸收水后电阻变小，用测定电阻率或电导率的方法便可判断含水量。

③ 电容法。水的介电常数远大于一般干燥固体物质，因此用电容法测物质的介电常数从而测含水量相当灵敏，造纸厂的纸张含水量便可用电容法测量。

④ 红外吸收法。水对波长为 $1.94\mu m$ 的红外射线吸收较强，并且可用几乎不被水分吸收的 $1.81\mu m$ 波长作为参比。由上述两种波长的滤光片对红外光进行轮流切换，根据被测物对这两种波长的能量吸收的比值便可判断含水量。

⑤ 微波吸收法。水对波长在 1.36cm 附近的微波有显著吸收现象，而植物纤维对此波段的吸收为水的几十分之一。利用这一原理可构成测木材、烟草、粮食、纸张等物质中含水量的仪表。

（4）湿度传感器分类

依据使用材料，湿度传感器可分为以下几种。

① 电解质型。以氯化锂为例，在绝缘基板上制作一对电极，涂上氯化锂盐胶膜。氯化锂极易潮解，并产生离子导电，随湿度升高而电阻减小。

② 陶瓷型。一般以金属氧化物为原料，通过陶瓷工艺，制成一种多孔陶瓷。其利用多孔陶瓷的阻值对空气中水蒸气的敏感特性而制成。

③ 高分子型。先在玻璃等绝缘基板上控制蒸发工艺条件制成梳状电极，通过浸渍或涂覆，使其在基板上附着一层有机高分子感湿膜。有机高分子的材料种类也很多，工作原理各不相同。

④ 单晶半导体型。所用材料主要是硅单晶，利用半导体工艺制成，制成二极管湿敏元件和金属-氧化物-半导体场效应晶体管（MOSFET）湿敏元件等。其特点是易于和半导体电路集成在一起。

2.2.2 湿敏半导体陶瓷

湿敏半导体陶瓷通常是用两种以上的金属氧化物半导体材料混合烧结而成的多孔陶瓷。这些材料有 $ZnO\text{-}LiO_2\text{-}V_2O_5$ 系、$Si\text{-}NaO\text{-}V_2O_5$ 系、$TiO_2\text{-}MgO\text{-}CrO_3$ 系、Fe_3O_4 等，前三种材料的电阻率随湿度增加而下降，故称为负特性湿敏半导体陶瓷，最后一种的

电阻率随湿度增大而增大，故称为正特性湿敏半导体陶瓷。为叙述方便，这里将湿敏半导体陶瓷简称为 HSC（humidity-sensitive semiconductor ceramics）。

（1）负特性 HSC 的导电机理

水分子中的氢原子具有很强的正电场，当水在 HSC 表面吸附时，就有可能从表面俘获电子，使表面带负电，增加了 HSC 的导电能力，其电阻率随湿度的增加而下降。

（2）正特性 HSC 的导电机理

图 2-3 给出了 Fe_3O_4 正特性 HSC 的电阻与相对湿度的关系曲线。

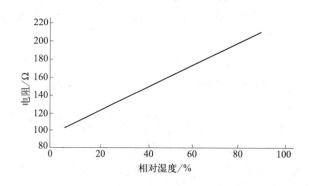

图 2-3 Fe_3O_4 正特性 HSC 的电阻与相对湿度关系图

正特性 HSC 材料的结构、电子能量状态与负特性材料有所不同。当水分子附着 HSC 的表面使电势变负时，其表面层电子浓度下降，但还不足以使表面层的空穴浓度增加到出现反型程度，此时仍以电子导电为主。于是，表面电阻将因电子浓度下降而加大，这类 HSC 材料的表面电阻将随湿度的增加而加大。而且通常 HSC 材料都是多孔的，表面电导占的比例很大，故表面层电阻的升高，必将引起总电阻的明显升高。

一般地说，负特性材料的阻值下降速率要高于正特性材料阻值的上升速率。

2.2.3 湿度传感器类型

（1）陶瓷湿度传感器

多孔陶瓷表面吸湿后，电阻值将发生改变。陶瓷湿敏元件随外界湿度变化而使电阻值变化的特性便是用来制造湿度传感器的依据。

利用半导体陶瓷材料制成的陶瓷湿度传感器具有许多优点：测试范围宽，可实现全湿范围内的湿度测量；工作温度高，常温湿度传感器的工作温度在 150℃ 以下，而高温湿度传感器的工作温度可达 800℃；响应时间较短；精度高；抗污染能力强；工艺简单；成本低廉。

典型产品是烧结型陶瓷湿敏元件 $MgCr_2O_4\text{-}TiO_2$ 系。此外还有 $TiO_2\text{-}VO_5$ 系、$ZnO\text{-}Li_2O\text{-}V_2O_5$ 系、$ZnCr_2O_4$ 系、$ZrO_2\text{-}MgO$ 系、Fe_3O_4 系、Ta_2O_5 系等。这类湿度传感器的感湿特征量大多数为电阻，除 Fe_3O_4 外，都为负特性湿敏传感器，即随着环境相对湿度的增加，阻值下降。也有少数陶瓷湿度传感器的感湿特性量为电容。

① $MgCr_2O_4\text{-}TiO_2$ 系湿度传感器。该湿度传感器的感湿层是 $MgCr_2O_4\text{-}TiO_2$（铬酸

镁-二氧化钛湿敏材料），是多孔陶瓷、负特性 HSC，$MgCr_2O_4$ 为 P 型半导体，它的电阻率低，阻值温度特性好。这种多孔陶瓷的气孔大部分为粒间气孔，气孔直径随 TiO_2 添加量的增加而增大。粒间气孔与颗粒大小无关，相当于一种开口毛细管，容易吸附水。$MgCr_2O_4$-TiO_2 系湿度传感器是一种典型的多孔陶瓷湿度测量器件，具有灵敏度高、响应特性好、测试范围宽和高温清洗后性能稳定等优点，其结构如图 2-4 所示。

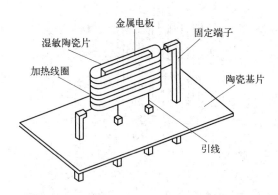

图 2-4　$MgCr_2O_4$-TiO_2 湿度传感器结构图

在 $MgCr_2O_4$-TiO_2 陶瓷片的两面涂覆有多孔金电极，金电极与引线烧结在一起。为了减少测量误差，在陶瓷片外设置由镍铬丝制成的加热线圈，以便对器件加热清洗，排除恶劣空气对器件的污染。整个器件安装在陶瓷基片上，电极引线一般采用铂-铱合金。

② ZrO_2 系厚膜型湿度传感器。ZrO_2 系厚膜型湿度传感器结构如图 2-5 所示。

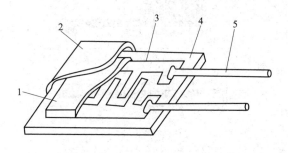

图 2-5　ZrO_2 系湿度传感器结构图

1—电极引线；2—印制的 ZrO_2 感湿层（厚为几十微米）；3—瓷衬底；4—由多孔高分子膜制成的防尘过滤膜；
5—用丝网印刷法印制的 Au 梳状电极

ZrO_2 系厚膜型湿度传感器的感湿层是用一种多孔 ZrO_2 系厚膜材料制成的，它可用碱金属调节阻值的大小并提高其长期稳定性。

（2）有机高分子湿度传感器

用有机高分子材料制成的湿度传感器，主要是利用其吸湿性与胀缩性。某些高分子介质吸湿后，介电常数明显改变，据此制成了电容式高分子湿度传感器；某些高分子介质吸湿后，电阻明显变化，据此制成了电阻式高分子湿度传感器；利用胀缩性高分子（如树脂）材料和导电粒子在吸湿之后的开关特性，制成了结露传感器。

① 电阻式高分子湿度传感器。电阻式高分子湿度传感器结构示意图见图 2-6。

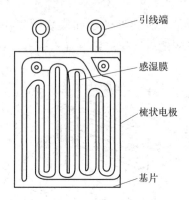

图 2-6　电阻式高分子湿度传感器结构图

水吸附在有极性基的高分子膜上，在低湿下，因吸附量少，不能产生荷电离子，所以电阻值较高。相对湿度增加时，吸附量也增加，集团化的吸附水就成为导电通道，正负离子对起到载流子作用，使电阻值下降。利用这种原理制成的传感器称为电阻式高分子湿度传感器。

② 电容式高分子湿度传感器。电容式高分子湿度传感器如图 2-7 所示。

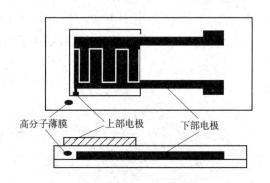

图 2-7　电容式高分子湿度传感器

高分子材料吸水后，元件的介电常数随环境的相对湿度的改变而变化，引起电容的变化。当水以水分子形式被吸附在高分子薄膜上时，由于高分子介质的介电常数（3～6）远远小于水的介电常数（81），所以介质中水的成分对总介电常数的影响比较大，元件对湿度有较好的敏感性能。电容式湿度传感器的主要特性如下。

a. 电容-湿度特性。其电容随着环境湿度的增加而增加，基本上呈线性关系，见图 2-8。

当测试频率为 1.5MHz 左右时，其输出特性有良好的线性度。对其他测试频率，如1kHz、10kHz，尽管传感器的电容量变化很大，但线性度欠佳，可外接转换电路，使电容-湿度特性趋于理想直线。

b. 响应特性。由于高分子薄膜可以做得极薄，所以吸湿响应时间都很短，一般都小于 5s，有的响应时间仅为 1s。

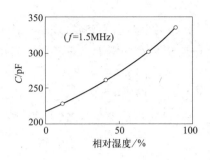

图 2-8 电容-湿度特性曲线

c. 电容-温度特性。电容式高分子湿度传感器的感湿特性受温度影响非常小，在 5～50℃ 范围内，电容温度系数约为 0.06%（H_r）/℃。

③ 有机半导体湿度传感器。硅 MOS 型 Al_2O_3 湿度传感器是在 Si 单晶上制成 MOS 晶体管。其栅极是用热氧化法生长的厚度为 80nm 的 SiO_2 膜，在此 SiO_2 膜上用蒸发及阳极化方法制得多孔 Al_2O_3 膜，然后蒸镀上多孔金（Au）膜。这种传感器具有响应速度快、化学稳定性好及耐高低温冲击等特点。其结构如图 2-9 所示。

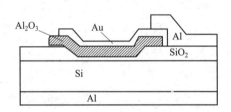

图 2-9 硅 MOS 型 Al_2O_3 湿度传感器

2.2.4 湿度传感器常用电路

（1）检测电路的选择

① 电源选择。一切电阻式湿度传感器都必须使用交流电源，否则性能会劣化甚至失效。其原因：湿度传感器的电导是靠离子的移动实现的，在直流电源作用下，正、负离子必然向电源两极运动，产生电解作用，使感湿层变薄甚至被破坏；而在交流电源作用下，正、负离子往返运动，不会产生电解作用，感湿层不会被破坏。

交流电源频率的选择：在不产生正、负离子定向积累的情况下，所选频率尽可能低一些。在高频情况下，测试引线的容抗明显下降，会把湿敏电阻短路。另外，感湿膜在高频下也会产生趋肤效应，阻值发生变化，影响到测试灵敏度和准确性。

② 温度补偿。湿度传感器具有正或负的温度系数，其温度系数大小不一，工作温区有宽有窄，所以要考虑温度补偿问题。

③ 线性化。湿度传感器的感湿特征与相对湿度之间的关系不是线性的，这给湿度的测量、控制和补偿带来了困难，需要通过一种变换使感湿特征与相对湿度之间的关系线性化。

（2）典型测量电路

对于电阻式湿度传感器，其测量电路主要有两种形式。

① 电桥电路。振荡器为电路提供交流电源。电桥的一臂为湿度传感器，由于湿度变化使湿度传感器的阻值发生变化，于是电桥失去平衡，产生信号输出，放大器可把不平衡信号加以放大，桥式整流器将交流信号变成直流信号，由电表显示。振荡器和放大器都由9V直流电源供给。电桥法适合于氯化锂湿度传感器，电桥测试电路框图见图 2-10。

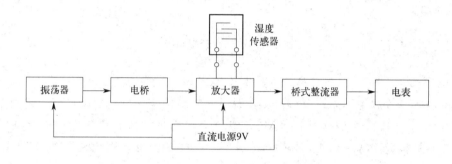

图 2-10　电桥测试电路框图

② 欧姆定律电路。欧姆定律电路见图 2-11。此电路适用于可以流经较大电流的陶瓷湿度传感器。由于测试电路可以获得较强信号，故可以省去电桥和放大器；可以用工频交流电（市电）作为电源，只要经降压变压器即可。

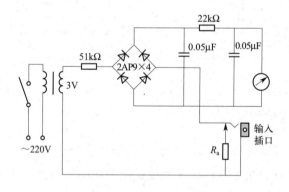

图 2-11　欧姆定律电路图

例如，便携式湿度计的实际电路如图 2-12 所示。

2.2.5　湿度传感器的应用

（1）自动去湿装置

自动去湿装置电路见图 2-13。

图中，H 为湿度传感器，其等效电阻器为 R_H，R_s 为加热电阻丝。在常温常湿情况下调好各电阻值，使 V_1 导通，V_2 截止。当阴雨等天气使室内环境湿度增大而导致 H 的

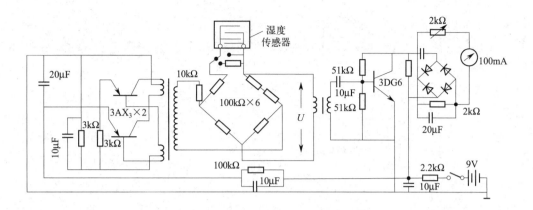

图 2-12　便携式湿度计的实际电路

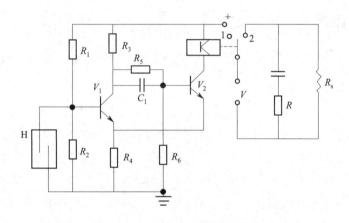

图 2-13　自动去湿装置电路

阻值下降到某值时，R_H 与 R_2 并联的阻值小到不足以维持 V_1 导通。由于 V_1 截止而使 V_2 导通，其负载继电器 K 通电，其常开触点 2 闭合，加热电阻丝 R_s 通电加热，驱散湿气。当湿度减小到一定程度时，电路又翻转到初始状态，V_1 导通，V_2 截止，常开触点 2 断开，R_s 断电停止加热。

（2）录像机结露报警控制电路

录像机结露报警控制电路如图 2-14 所示，该电路由 $VT_1 \sim VT_4$ 组成。结露时，LED 亮（结露信号），并输出控制信号使录像机进入停机保护状态。

在低湿时，结露传感器的电阻值为 2kΩ 左右，VT_1 因其基极电压低于 0.5V 而截止，VT_2 集电极电位低于 1V，所以 VT_3 及 VT_4 也截止，结露指示灯不亮，输出的控制信号为低电平。在结露时，结露传感器的电阻值大于 50kΩ，VT_1 饱和导通，VT_2 截止，从而使 VT_3 及 VT_4 导通，结露指示灯亮，输出的控制信号为高电平。

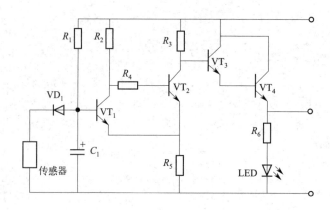

图 2-14　录像机结露报警控制电路图

2.3　气体传感器

　　气体传感器是一种用来检测气体类别、浓度和成分，并将它们转换为电信号的传感器。其工作原理基于敏感材料在不同气体环境中的电学性质变化。

　　这些传感器通常使用半导体材料，如氧化锡、氧化锌等作为敏感元件。当这些材料暴露在目标气体中时，气体分子与材料表面发生相互作用，导致电子的吸附或解吸附，从而改变了材料的电学性质，最常见的是电阻或电容的变化。可通过测量电阻或电容的变化来转化为输出信号，从而实现对气体浓度变化的监测。

　　气体传感器在工业过程监测、环境监测、家用安全、汽车应用和医疗设备等领域得到广泛应用，对于提高生产安全性、保障环境健康、确保家庭安全等方面都发挥着重要作用。随着技术的不断发展，气体传感器的性能和应用领域还将进一步扩展。

2.3.1　气体传感器概述

（1）气体传感器基本概念

　　气体传感器是由多个组成部分构成的设备，其中包括：

　　① 敏感材料（sensitive material）。气体传感器的核心是敏感材料，通常选用半导体材料，如氧化锡（SnO_2）或氧化锌（ZnO）。这些材料表现出在气体环境中电学性质敏感的特性，其电阻或电容与目标气体浓度的变化密切相关。

　　② 敏感元件（sensitive element）。敏感元件是包含敏感材料的组件，它负责感知目标气体的浓度，并将这一变化转化为电学信号。在电阻型传感器中，电阻变化用于测量气体浓度；而在电容型传感器中，电容变化则用于同样的目的。

　　③ 封装材料（encapsulation material）。封装材料用于包裹敏感元件，以保护敏感材料免受环境的影响，如湿度、化学物质等。封装有助于确保传感器的稳定性和可靠性，延长其使用寿命。

④ 电路（circuit）。传感器中的电路负责测量敏感元件的电学变化并将其转换为可读的电信号，涉及放大电路、滤波电路和模数转换电路等，以确保从传感器获取的信号精确可靠。

⑤ 基板（substrate）。基板（基质）是传感器的支持结构，通常由陶瓷或其他稳定的材料构成。基板承载敏感元件、电路和其他组件，提供结构上的稳定性。

⑥ 外壳（outer shell）。传感器外壳是一层保护性的外壳，用于隔离传感器内部组件，使其免受外部环境的影响，如湿度、化学物质或机械损害。

⑦ 连接器（connector）。连接器提供传感器与外部系统连接的接口。它使传感器能够与其他设备或监测系统集成，实现数据传输和控制。

这些组成部分共同作用，使气体传感器能够在各种条件下稳定地检测和测量目标气体的浓度，从而满足不同应用场景的需求。设计和优化这些组件之间的相互作用关系对传感器的性能至关重要。

（2）气体传感器的主要性能指标

① 灵敏度（sensitivity）。灵敏度是指传感器对目标气体浓度变化的响应程度。通常用相对电阻变化或相对电容变化来衡量。

② 选择性（selectivity）。选择性是指传感器在存在多种气体的情况下对特定目标气体的识别能力。良好的选择性表示传感器对目标气体的特异性更强。

③ 响应时间（response time）。响应时间是指传感器从暴露在目标气体中到输出电信号变化所需的时间。响应时间短对实时监测至关重要。

④ 恢复时间（recovery time）。恢复时间是指传感器从目标气体环境中移出后，恢复到初始状态所需的时间。恢复时间短有助于提高传感器的连续监测性能。

⑤ 线性度（linearity）。线性度是指传感器的输出信号与目标气体浓度之间的线性关系。理想情况下，传感器的响应应该与气体浓度呈线性关系。

（3）气体传感器分类

按构成气体传感器的材料可分为半导体和非半导体两大类。目前实际使用最多的是半导体气体传感器。

常用的气体传感器有半导体气体传感器、接触燃烧式气体传感器、固体电解质型气体传感器、电化学式气体传感器、集成型气体传感器。

气体传感器是暴露在各种成分的气体中使用的，由于检测现场温度、湿度的变化很大又存在大量粉尘和油雾等，所以其工作条件较恶劣，而且气体对敏感元件的材料会产生化学反应物，其附着在元件表面，往往会使元件性能变差。因此，对气敏元件有下列要求：

① 能够检测并能及时给出报警、显示与控制信号。

② 对被测气体以外的共存气体或物质不敏感。

③ 性能稳定性、重复性好。

④ 动态特性好、响应迅速。

⑤ 能长期稳定工作，重复性好。

⑥ 使用、维护方便，价格便宜。

2.3.2 半导体气体传感器

半导体气体传感器是利用半导体气敏元件同气体接触，造成电导率等物理性质变化来检测气体的成分或浓度的气体传感器，大体可分为电阻型和非电阻型两大类。

电阻型半导体气敏元件利用敏感材料接触气体时的阻值变化来检测气体的成分或浓度。电阻型传感器一般使用氧化锡、氧化锌等金属氧化物材料制作。而非电阻型半导体气敏元件是一种半导体器件，利用二极管的伏安特性或场效应晶体管的阈值电压变化来检测被测气体。具体分类见表 2-1。

表 2-1 半导体气敏元件的分类

分类	主要的物理特性	传感器举例	工作温度	代表性被测气体
电阻型	表面控制型	二氧化锡(SnO_2)、氧化锌(ZnO)	室温至450℃	可燃性气体
	体控制型	La1-xSr.xCoO$_3$，二氧化钛(TiO_2)、氧化钴(CoO)、氧化镁(MgO)、二氧化锡	300～450℃，700℃以上	可燃性气体、氧气
非电阻型	表面电位	氧化银(AgO)	室温	乙醇气体
	二极管整流特性	铂/硫化镉(CdS)、铂/二氧化钛	室温至200℃	氢气、一氧化碳
	晶体管特性	铂栅 MOS 场效应管	150℃	氢气、硫化氢

用半导体气敏元件组成的气体传感器主要用于工业上的天然气、煤气及石油化工等部门的易燃、易爆、有毒有害气体的监测、预报和自动控制。

2.3.2.1 半导体气体传感器工作原理

半导体气体传感器的气敏元件的材料是金属氧化物，在合成材料时，通过化学计量比的偏离和杂质缺陷制成。金属氧化物半导体分 N 型半导体和 P 型半导体。N 型半导体有二氧化锡、氧化铁、氧化锌、氧化钨等。P 型半导体有氧化钴、氧化铅、氧化铜、氧化镍等。

为了提高某种气敏元件对某些气敏成分的选择性和灵敏度，合成材料有时还掺入了催化剂，如钯（Pd）、铂（Pt）、银（Ag）等。

金属氧化物在常温下是绝缘的，制成半导体气敏元件后却显示气敏特性。当半导体元件被加热到稳定状态，气体接触半导体表面而被吸附时，被吸附的分子首先在表面自由扩散，失去运动能量，一部分分子被蒸发掉，另一部分残留分子产生热分解而固定在吸附处。

当半导体的功函数（逸出功）小于吸附分子的亲和力（气体的吸附和渗透特性）时，吸附分子将从元件夺得电子而变成负离子吸附，半导体表面出现电荷层。例如氧气等具有负离子吸附倾向的气体被称为氧化型气体或电子接收性气体。

如果半导体的功函数大于吸附分子的解离能，吸附分子将向元件释放出电子，而形成正离子吸附。具有正离子吸附倾向的气体有 H_2、CO、碳氢化合物等，它们被称为还原型气体或电子供给性气体。

当氧化型气体吸附到 N 型半导体上，还原型气体吸附到 P 型半导体上时，半导体载流子减少，使电阻值增大。当还原型气体吸附到 N 型半导体上，氧化型气体吸附到 P 型半导体上时，载流子增多，使半导体电阻值下降。

图 2-15 显示了气体接触 N 型半导体时所产生的元件阻值变化情况，由于空气的含氧量大体上是恒定的，因此氧气的吸附量也是恒定的，元件阻值也相对固定。若气体浓度发生变化，其阻值也将变化。根据这一特性，可以从阻值的变化得知吸附气体的种类和浓度。

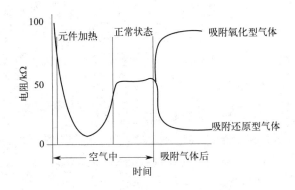

图 2-15　气体接触 N 型半导体时元件阻值变化图

例如，用二氧化锡制成的气敏元件，在常温下吸附某种气体后，其电导率变化不大，若保持这种气体浓度不变，该元件的电导率随器件本身温度的升高而增加，尤其在 $100 \sim 300℃$ 范围内电导率变化很大。显然，半导体电导率的增加是多数载流子浓度增加的结果。

气敏元件的基本测量电路如图 2-16(a) 所示。图中，E_H 为加热电源，E_C 为测量电源，气敏电阻值的变化引起电路中电流的变化，输出电压由电阻 R_O 读出。元件在低浓度下灵敏度高，而在高浓度下其阻值趋于稳定值，因此，常用来检查可燃性气体泄漏。

二氧化锡、氧化锌材料气敏元件输出电压与温度的关系如图 2-16(b) 所示。

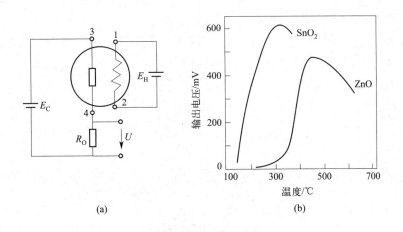

图 2-16　基本测量电路 (a) 与输出电压-温度曲线 (b)

由上述分析可以看出，气敏元件工作时需要本身的温度比环境温度高很多。因此，气敏元件结构中，有电阻丝加热，如图 2-17 所示。图中 1 和 2 是加热电极，3 和 4 是测量电极。

31

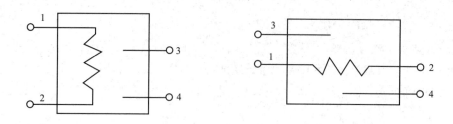

图 2-17　气敏元件结构

2.3.2.2　半导体气敏元件的种类

气敏元件按制造工艺分为烧结型、薄膜型、厚膜型。

① 烧结型。图 2-18 所示为烧结型气敏元件结构。这类元件以 SnO_2 为基体，通过将铂电极和加热电极埋入 SnO_2 材料中，用加热、加压、温度为 $700\sim900℃$ 的制陶工艺烧结成形。因此，被称为半导体陶瓷。

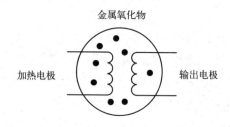

图 2-18　烧结型气敏元件结构

陶瓷内的晶粒直径为 $1\mu m$ 左右，晶粒的大小对电阻有一定影响，但对气体检测灵敏度则无很大的影响。它的加热温度较低，一般在 $200\sim300℃$。

烧结型元件制作方法简单，元件寿命长，但由于烧结不充分，元件机械强度不高，且电极材料较贵重，电性能、一致性较差，因此应用受到一定限制。

② 薄膜型。图 2-19 所示为薄膜型气敏元件。

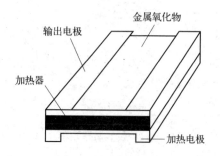

图 2-19　薄膜型气敏元件

薄膜型气敏元件采用真空镀膜或溅射方法。在石英或陶瓷基片上制成金属氧化物薄膜，厚度在 $0.1\mu m$ 以下，并用铂或钯膜作引出电极，最后将基片上的锌氧化，构成薄膜型气敏元件。

氧化锌敏感材料是 N 型半导体，当添加铂作催化剂时，对丁烷、丙烷、乙烷等烷烃有较高的灵敏度，而对 H_2、CO_2 等灵敏度很低。若用钯作催化剂时，对 H_2、CO 有较高的灵敏度，而对烷烃类灵敏度低。

因此，这种元件有良好的选择性，工作温度为 $400\sim500℃$，温度较高。

③ 厚膜型。图 2-20 所示为厚膜型气敏元件。

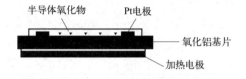

图 2-20　厚膜型气敏元件

厚膜型气敏元件将气敏材料（如 SnO_2、ZnO 等）与一定比例的硅凝胶混制成能印刷的厚膜胶。把厚膜胶用丝网印刷到事先安装有铂电极的氧化铝（Al_2O_3）基片上，在 $400\sim800℃$ 的温度下烧结 $1\sim2h$ 便制成厚膜型气敏元件。用厚膜工艺制成的元件机械强度高、离散度小，适合大批量生产。

以上三种气敏元件都附有加热器（加热电极），在实际应用时，加热器能使附着在测控部分上的油雾、尘埃等燃烧掉，同时加速氧化还原反应，从而提高元件的灵敏度和响应速度。加热器的温度一般控制在 $200\sim400℃$。

气敏元件按加热方式分为直热式和旁热式。

① 直热式气敏元件。直热式气敏元件由芯片（敏感体和加热器）、基座和金属防爆网罩三部分组成，其结构及符号如图 2-21 所示。直热式元件是将加热电极、测量电极直接埋入 SnO_2 或 ZnO 等粉末中烧结而成的，工作时加热电极通电，测量电极用于测量元件阻值。

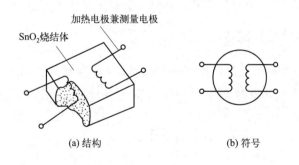

图 2-21　直热式气敏元件的结构及符号

② 旁热式气敏元件。旁热式气敏元件的结构及符号如图 2-22 所示，它的特点是将加

热电极放置在一个陶瓷管内，管外涂梳状金电极作测量电极，在金电极外涂上 SnO_2 等材料。旁热式气敏元件克服了直热式气敏元件的缺点，其测量电极和加热电极分离，而且加热电极不与气敏材料接触，避免了测量回路和加热回路的相互影响；元件热容量大，降低了环境温度对元件加热温度的影响。所以，这类气敏元件的稳定性、可靠性都较直热式好。

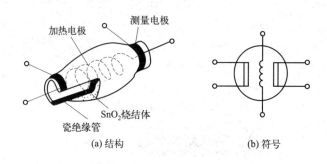

图 2-22　旁热式气敏元件的结构及符号

2.3.2.3　电阻型气体传感器

（1）体电导式气体传感器

体电导式气体传感器是利用体电阻的变化来检测气体的半导体气体传感器。检测对象主要有液化石油气、煤气、天然气。

（2）表面电导式气体传感器

将表面电导式气体传感器置于空气之中，空气中的 O_2 和 NO_2 被 N 型半导体材料敏感膜的电子吸附，表现为薄膜表面传导电子数减少，表面电导率减小，元件处于高阻状态。一旦元件与被测气体接触，就会与吸附的氧起反应，将被氧束缚的电子释放出来，使敏感膜表面电导率增大，元件电阻减少。

用这种方式设计的气敏传感器称为表面电导式气体传感器。目前常用的材料为二氧化锡和氧化锌等较难还原的氧化物，也有研究用有机半导体材料。在这类传感器中一般均掺有少量贵金属（如 Pt 等）作为激活剂。目前已商品化的有 SnO_2、ZnO 等气体传感器。

2.3.2.4　非电阻型气体传感器

非电阻型气体传感器也是半导体气体传感器之一。其所用气敏元件是利用 MOS 二极管的电容-电压特性的变化以及 MOSFET 的阈值电压的变化等物性而制成的。

① MOS 二极管气敏元件。MOS 二极管气敏元件，利用热氧化工艺在 P 型半导体硅片上生成一层厚度为 $50\sim100nm$ 的二氧化硅层，然后在其上面蒸发一层金属钯的薄膜作为栅电极，如图 2-23(a) 所示。

由于 SiO_2 层电容 C_a 固定不变，而 Si 和 SiO_2 界面电容 C_a 是栅极电压的函数，其等效电路见图 2-23(b)。因此，由等效电路可知，总电容 C 由 C_a 和 C_s 共同决定，因此总电容 C 也会随栅极电压 U 变化，也是栅极电压的函数。其函数关系称为该类 MOS 二极管

的 C-U 特性，如图 2-23(c) 曲线 a 所示。Pd 对 H_2 特别敏感，当 Pd 吸附了 H_2 以后，会使其功函数降低，导致 MOS 管的 C-U 特性向负偏压方向平移，如图 2-23(c) 曲线 b 所示。根据这一特性就可测定 H_2 的浓度。

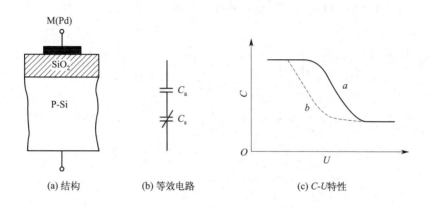

(a) 结构   (b) 等效电路   (c) C-U 特性

图 2-23　MOS 二极管结构、等效电路以及 C-U 曲线图

② MOS 场效应晶体管。Pd-MOS 场效应晶体管（Pd-MOSFET）气敏元件的结构见图 2-24。

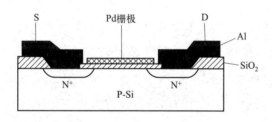

图 2-24　Pd-MOSFET 结构

由于 Pd 对 H_2 有很强的吸附性，当 H_2 吸附在 Pd 栅极上时，会引起 Pd 的功函数降低。由 MOSFET 工作原理可知，当栅极、源极之间加正向偏压 U_{GS}，且 $U_{GS} > U_T$（阈值电压）时，栅极氧化层下面的硅从 P 型变为 N 型。这个 N 型区就将源极和漏极连接起来，形成导电通道，即为 N 型沟道。此时，MOSFET 进入工作状态。若此时在源、漏极之间加电压 U_{DS}，则源、漏极之间有电流 I_{DS} 流通。I_{DS} 随 U_{DS} 和 U_{GS} 的大小而变化，其变化规律即为 MOSFET 的伏安特性。

当 $U_{GS} < U_T$ 时，MOSFET 的沟道未形成，故无漏-源电流。U_T 的大小除了与衬底材料的性质有关外，还与金属和半导体之间的功函数有关。Pd-MOSFET 气敏元件就是利用 H_2 在 Pd 栅极上吸附后引起阈值电压 U_T 下降这一特性来检测 H_2 浓度的。

2.3.2.5　半导体气敏元件的特性

（1）气敏元件的电阻值

将电阻型气敏元件在常温下洁净空气中的电阻值称为固有电阻值，用 R_a 表示。一般

R_a 在 $10^3 \sim 10^5 \Omega$ 范围。

（2）气敏元件的灵敏度

气敏元件的灵敏度是表征气敏元件对于被测气体敏感程度的指标。它表示气敏元件的电参量（如电阻型气敏元件的电阻值）与被测气体浓度之间的依从关系。其表示方法有以下三种。

① 电阻比灵敏度 K

$$K = \frac{R_a}{R_g} \tag{2-5}$$

式中，R_a 为气敏元件在洁净空气中的电阻值；R_g 为气敏元件在规定浓度的被测气体中的电阻值。

② 分离度

$$\alpha = \frac{R_{c_1}}{R_{c_2}} \tag{2-6}$$

式中，R_{c_1} 为气敏元件在浓度为 c_1 的被测气体中的阻值；R_{c_2} 为气敏元件在浓度为 c_2 的被测气体中的阻值。通常，$c_1 > c_2$。

③ 输出电压比灵敏度 K_V

$$K_V = \frac{U_a}{U_g} \tag{2-7}$$

式中，U_a 为气敏元件在洁净空气中工作时，负载电阻上的电压输出；U_g 为气敏元件在规定浓度被测气体中工作时，负载电阻的电压输出。

（3）气敏元件的分辨率

气敏元件的分辨率表示气敏元件对被测气体的识别以及对干扰气体的抑制能力。气敏元件分辨率用 S 表示。

$$S = \frac{\Delta U_a}{\Delta U_{g_i}} = \frac{U_g - U_a}{U_{g_i} - U_a} \tag{2-8}$$

式中，U_{g_i} 为气敏元件在 i 种气体浓度为规定值中工作时负载电阻的电压。

（4）气敏元件的响应时间

气敏元件的响应时间表示在工作温度下，气敏元件对被测气体的响应速度。一般从气敏元件与一定浓度的被测气体接触时开始计时，直到气敏元件的阻值达到在此浓度下的稳定电阻值的 63% 时为止，所需时间称为气敏元件在此浓度被测气体中的响应时间，通常用符号 t_τ 表示。

2.3.3 接触燃烧式气体传感器

接触燃烧式气体传感器是将铂金等金属线圈埋设在氧化催化剂中而构成的。使用时对金属线圈通以电流，使之保持在 $300 \sim 600℃$ 的高温状态，同时将元件接入电桥电路中的一个桥臂。一旦有可燃性气体与传感器表面接触，燃烧热进一步使金属丝升温，造成元件阻值增大，从而破坏了电桥的平衡。通过其输出的不平衡电流或电压可测得可燃性气体的浓度。

（1）检测原理

可燃性气体（H_2、CO、CH_4 等）与空气中的氧接触，发生氧化反应，产生反应热，使作为敏感材料的铂丝温度升高，电阻值相应增大。一般情况下，空气中可燃性气体的浓度都不太高（低于 10%），可燃性气体可以完全燃烧，其发热量与可燃性气体的浓度有关。空气中可燃性气体浓度愈大，氧化（燃烧）反应产生的热量愈多，铂丝的温度变化愈大，其电阻值增加的就越多。因此，只要测定作为敏感元件的铂丝的电阻变化值 ΔR，就可检测空气中可燃性气体的浓度。

但是，使用单纯的铂丝线圈作为敏感元件，其寿命较短，所以，实际应用的敏感元件，都是在铂丝圈外面涂覆一层氧化催化剂，这样既可以延长其使用寿命，又可以提高敏感元件的响应特性。接触燃烧式气体敏感元件的桥式电路如图 2-25 所示。

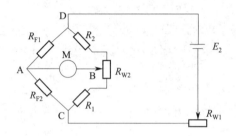

图 2-25　桥式测量电路

图中，R_{F1} 是敏感元件；R_{F2} 是补偿元件，其作用是补偿可燃性气体接触燃烧以外的环境温度、电源电压变化等因素所引起的偏差。

工作时，要求在 R_{F1} 和 R_{F2} 上保持 $100 \sim 200\text{mA}$ 的电流通过，以供可燃性气体在 R_{F1} 上发生氧化（接触燃烧）反应所需要的热量。当 R_{F1} 与可燃性气体接触时，由于剧烈的氧化作用（燃烧），释放出热量，检测元件的温度上升，电阻值相应增大，桥式电路不再平衡，在 A、B 间产生电位差 E。

$$E = E_0 \left(\frac{R_{F1} + \Delta R_F}{R_{F1} + R_{F2} + \Delta R_F} - \frac{R_1}{R_1 - R_2} \right) \tag{2-9}$$

因 ΔR_F 很小，且 $R_{F1} R_1 = R_{F2} R_2$，若 $k = R_0 R_1 / [(R_1 + R_2)(R_{F1} + R_{F2})]$，则有

$$E = k \left(\frac{R_{F2}}{R_{F1}} \right) \Delta R_F \tag{2-10}$$

这样，在 R_{F1} 和 R_{F2} 的电阻比 R_{F2}/R_{F1} 接近于 1 的范围内，A、B 两点间的电位差 E 近似地与 ΔR_F 成比例。由于电阻的变化 ΔR_F 由可燃性气体接触燃烧所产生的温度变化引起，与接触燃烧热成比例，即

$$\Delta R_F = \rho \Delta T = \rho \frac{\Delta H}{C} = \rho \alpha m \frac{Q}{C} \tag{2-11}$$

式中，ρ 为敏感元件的电阻温度系数；ΔT 为由可燃性气体接触燃烧所引起的敏感元件的温度增加值；ΔH 为可燃性气体接触燃烧的发热量；C 为敏感元件的热容量；Q 为可燃性气体的燃烧热；m 为可燃性气体的浓度（体积分数）；α 为由敏感元件上涂覆的氧化

催化剂决定的常数。

ρ、C 和 α 的数值与敏感元件的材料、形状、结构、表面处理方法等因素有关，Q 由可燃性气体的种类决定，在一定条件下，它们都是确定的常数，因此 A、B 两点间的电位差 E 与可燃性气体的浓度 m 成比例。测得 A、B 间的电位差，即可求得空气中可燃性气体的浓度。

（2）接触燃烧式气敏元件的结构

接触燃烧式气敏元件结构示意图见图 2-26。图 2-27 为接触燃烧式气敏元件的感应特性曲线。

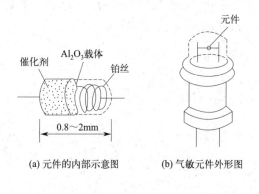

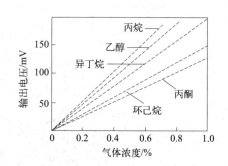

图 2-26　接触燃烧式气敏元件结构示意图　　图 2-27　接触燃烧式气敏元件的感应特性曲线

用高纯的铂丝绕制成线圈，为了使线圈具有适当的阻值（$1\sim2\Omega$），一般应绕 10 圈以上。在线圈外面涂以氧化铝或氧化铝和二氧化硅组成的膏状涂覆层，干燥后在一定温度下烧结成球状多孔体。将烧结后的小球放在贵金属铂、钯等的盐溶液中，充分浸渍后取出烘干，然后经过高温热处理，在氧化铝（氧化铝-二氧化硅）载体上形成贵金属催化剂层，最后组装成气体敏感元件。除此之外，也可以将贵金属催化剂粉体与氧化铝、二氧化硅等载体充分混合后配成膏状，然后涂覆在铂丝绕成的线圈上，直接烧成后备用。另外，作为补偿元件的铂线圈，其尺寸、阻值均应与敏感元件相同，并且，也应涂覆氧化铝或者二氧化硅载体层，只是无需浸渍贵金属盐溶液或者混入贵金属催化剂粉体。

2.3.4　固体电解质型气体传感器

固体电解质型气体传感器内部不依赖电子传导，而靠阴离子或阳离子进行传导。因此，把利用这种传导性能好的材料制成的传感器称为固体电解质型气体传感器。

二氧化锆（ZrO_2）在高温下（但远未达到熔融的温度）具有氧离子传导性。纯净的 ZrO_2 在常温下属于单斜晶系，随着温度的升高，发生相转变，在 1100℃ 下为正方晶系，2500℃ 下为立方晶系，2700℃ 下熔融。熔融二氧化锆中添加氧化钙、三氧化二钇、氧化镁等氧化物后，成为稳定的正方晶型，具有萤石结构，称为稳定化 ZrO_2。由于氧化物的加入，在 ZrO_2 晶格中产生氧空位，其浓度随氧化物的种类和添加量而改变，其离子电导性也随氧化物的种类和添加量而变化，如图 2-28 所示。

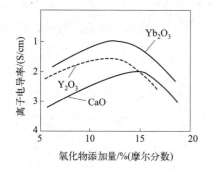

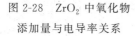

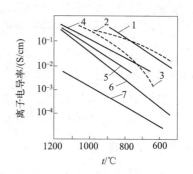

图 2-28　ZrO_2 中氧化物
添加量与电导率关系

图 2-29　ZrO_2 系固体电解质的离子电导率与温度关系

1—添加 8％（摩尔分数）Yb_2O_3；2—0.92mol ZrO，0.04mol SC_2O_3，
0.04mol Yb_2O_3；3—ZrO_2；4—添加 10％ Y_2O_3；
5—添加 13％ CaO；6—添加 15％ Y_2O_3；
7—添加 10％ CaO

　　在 ZrO_2 中添加氧化钙、三氧化二钇等氧化物后，其离子电导都将发生改变，尤其是在氧化钙添加量为 15％左右时，离子电导出现极大值。但是，由于二氧化锆-氧化钙固溶体的离子活性较低，因此在高温下气敏元件才有足够的灵敏度。添加三氧化二钇的 ZrO_2-Y_2O_3 固溶体的离子活性较高，在较低的温度下其离子电导都较大，见图 2-29。因此，通常都用这种材料制作固定电解质氧敏元件。添加 Y_2O_3 的 ZrO_2 固体电解质材料，称为YSZ 材料。

2.3.5　气体传感器常用电路

　　图 2-30 为气体传感器典型应用电路。

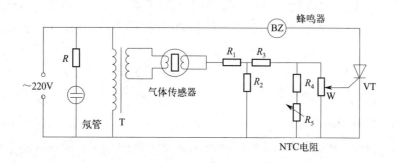

图 2-30　气体传感器典型应用电路

（1）电源电路

　　一般气敏元件的工作电压不高（3～10V），但其工作电压必须稳定，否则，将导致加热器的温度变化幅度过大，使气敏元件的工作点漂移，影响检测准确性。

（2）辅助电路

由于气敏元件自身的特性（温度系数、湿度系数、初期稳定性等），在设计、制作应用电路时，应予以考虑。如采用温度补偿电路，减少气敏元件的温度系数引起的误差；设置延时电路，防止通电初期因气敏元件阻值大幅度变化造成误报；使用加热器失效通知电路，防止加热器失效导致漏报现象。

当环境温度降低时，负温度系数热敏电阻 R_5 的阻值增大，使相应的输出电压得到补偿。

（3）检测工作电路

随着环境中可燃性气体浓度的增加，气敏元件的阻值下降到一定值后，R_4 中点的电压触发晶闸管导通，从而发出蜂鸣报警。调节 R_4 可以选择触发报警时气体的浓度。

2.3.6 气体传感器的应用

气体传感器的应用分为检测、报警、监控等几种类型。

① 可燃性气体泄漏报警器。为防止常用可燃性气体如煤气（H_2、CO 等）、天然气（CH_4 等）、液化石油气（C_3H_8、C_4H_{10} 等）及 CO 等气体泄漏引起中毒、燃烧或爆炸，可以应用可燃性气体传感器配上适当电路制成报警器。

② 在汽车中应用的气体传感器。控制燃空比，需用氧传感器；控制污染、检测排放气体，需用 CO、NO_x、HCl、O_2 等传感器；内部空调，需用 CO、烟、湿度等传感器。

③ 在工业中应用的气体传感器。在 Fe 和 Cu 等矿物冶炼过程中常使用氧传感器；在半导体工业中需用多种气体传感器；在食品工业中也常用氧传感器。

④ 在检测大气污染方面用的气体传感器。对于环境污染需要检测的气体有 SO_2、H_2S、NO_x、CO、CO_2 等，因为需要定量测量，宜选用电化学式气体传感器。

⑤ 在家电方面用的气体传感器。在家电中除用于可燃气泄漏报警及换气扇、抽油烟机的自动控制外，气体传感器也用于微波炉和燃气炉等家用电器中，以实现烹调的自动控制。

⑥ 在其他方面的应用。除上述以外，气体传感器还被广泛用于医疗诊断、矿井安全等场合，目前各类传感器已有实用商品。

（1）烟雾传感器

烟雾是比气体分子大得多的微粒悬浮在气体中形成的，和一般的气体成分的分析不同，必须利用微粒的特点检测。

① 散射式。在发光管和光敏元件之间设置光屏，无烟雾时光敏元件接收不到光信号，有烟雾时借助微粒的散射光使光敏元件发出电信号，如图 2-31 所示。

这种传感器的灵敏度与烟雾种类无关。

② 离子式。用放射性同位素镅-241（Am-241）放射出微量的 α 射线，使附近空气电离。当平行平板电极间有直流电压时，产生离子电流 I_K。有烟雾时，微粒将离子吸附，

而且离子本身也吸收 α 射线，其结果是离子电流 I_K 减小。离子式烟雾传感器工作原理如图 2-32 所示。

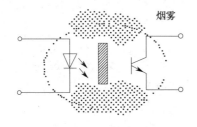

图 2-31　散射式烟雾传感器

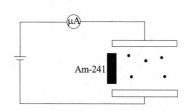

图 2-32　离子式烟雾传感器

（2）气敏报警器

图 2-33 所示是一种最简单的家用气敏报警器电路图。采用直热式气敏元件 TGS109 制作气敏传感器。

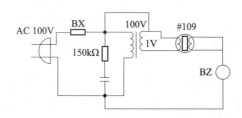

图 2-33　简易家用气敏报警器电路图

当室内可燃性气体增加时，由气敏元件接触到可燃性气体导致其阻值降低，使流经测试回路的电流增加，可直接驱动蜂鸣器（BZ）报警。设计报警器时，重要的是如何确定开始报警的气体浓度。一般情况下，对于丙烷、丁烷、甲烷等气体，都选定在爆炸下限的 1/10。

（3）酒精测试仪

酒精测试仪用来测试驾驶员醉酒的程度。气体传感器选用二氧化锡气敏元件。图 2-34 所示为酒精测试仪电路。当气体传感器探测不到酒精时，加在 A5 脚的电平为低电平；当气体传感器探测到酒精时，其内阻变低，从而使 A5 脚电平变高。A 为显示驱动器，它共有 10 个输出端，每个输出端可以驱动一个发光二极管，显示驱动器 A 根据第 5 脚电压高低来确定依次点亮发光二极管的级数，酒精含量越高则点亮二极管的级数越大。上面 5 个发光二极管为红色，表示超过安全水平。下面 5 个发光二极管为绿色，代表安全水平，酒精含量不超过 0.05％。

只要被试者向传感器吹一口气，该测试仪便可显示出醉酒的程度，确定被试者是否适宜驾驶车辆。

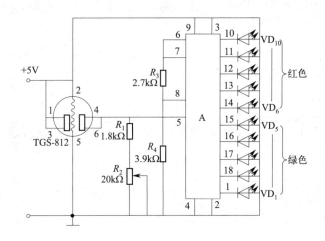

图 2-34　酒精测试仪电路

2.4　光化学传感器

2.4.1　光化学传感器概述

　　光化学传感器（optical chemo-sensor）是受体与识别目标作用后引起光学信号变化的传感器，用于识别原子、离子、分子，以及特定的 DNA、RNA 片段等。光化学传感器具有操作简单、可携带、灵敏度高、精确度高、响应时间短、专一性好等优势，在 1980 年 R. T. Tsien 课题组报道了第一例光化学传感器后，光化学传感器就开始被科学家关注。经过几十年的发展，越来越多的光化学传感器被报道，光化学传感器开始在临床医学、环境监测、生物学等领域大放异彩。

　　光化学传感器是一类可以根据被测物质的存在而改变自身的物理化学性质，从而具有"报告"功能的传感器。光化学传感器和传统的化学量传感器相比，不仅使用方便、成本低，而且在选择性、响应速度、灵敏度、原位实时检测等方面都有显著的优越性。因此，更加功能化的光化学传感器是化学量传感器设计的主流和必然趋势。根据不同的光学输出信号，可分为荧光化学传感器、化学发光传感器和比色化学传感器等。

2.4.2　光化学传感器设计思路及检测体系

　　光化学传感器通常由三部分组成：①识别基团，能选择性地对待分析物进行识别和结合；②报告基团，即荧光团或染色团，将识别基团与待分析物结合所引起的化学环境变化通过特定的光学信号（荧光或颜色）显示出来；③连接基团，用于连接识别基团和报告基团。目前，光化学传感器的基本构建方式主要有以下几种：键合-信号输出法、置换法和化学剂量计法等。

　　（1）键合-信号输出法

　　目前，很多光化学传感器是基于键合-信号输出法原理设计出来的，如图 2-35 所示。

键合-信号输出法指的是将传感器中的报告基团和识别基团以共价键连接的方式进行设计的方法。当识别基团和待分析物选择性结合时，报告基团的光物理性质发生改变，引起颜色或荧光的变化。这种方法在光化学传感器的设计中是最基本的、适用范围最广的一种方法。

图 2-35　键合-信号输出法

（2）置换法

置换法设计的光化学传感器也包括识别基团和报告基团，不过这两者之间不再以共价键的方式结合，而是先通过相对较弱的络合作用形成一种配合物。然后当待分析物加入含有该配合物的溶液中时，由于待分析物与识别基团具有更强的结合能力，因此待分析物将报告基团置换到溶液中，引起整个体系荧光或者颜色的变化，从而可被仪器或裸眼识别（见图 2-36）。在这类传感器中，只有当识别基团和报告基团之间的结合常数小于识别基团与待分析物之间的结合常数时，置换过程才可能发生。这种方法在阴离子传感器的设计中占有很大比例。

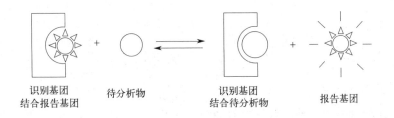

图 2-36　置换法

（3）化学剂量计法

化学剂量计法利用待分析物与传感器之间发生特定的化学反应（通常是不可逆的），从而引起颜色或荧光发生变化来进行识别。由于发生的化学反应是不可逆的，这种传感形式严格来说不能称为"化学量传感器"（chemical sensor），而应该更形象地称为"化学剂量计"（chemical dosimeter）。这种方法有两种不同方式，如图 2-37 所示。一种是待分析物与化学量传感器发生化学反应生成共价化合物；另一种是待分析物催化化学反应生成新的化合物。在这两种方式中，最终的产物在化学性质上和原始反应物完全不同，相应的光谱性质也发生变化，从而实现对待分析物的检测。基于这种方法设计的化学量传感器通常具有不可逆性和较好的选择性。

光化学传感器测量体系可以方框图表示如下（图 2-38），该测量体系由光源发出探

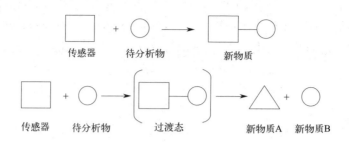

图 2-37　化学剂量计法

测光，经光波导到达与样品接触的探头部分，与样品相互作用后产生可测的光谱信号，再经光波导将该信号光传至检测器。要了解图中所示测量体系的原理与方法，首先要具备光谱学与光波导技术方面的基础知识，然后了解仪器与探头的设计方法，在此基础上才能从化学传感的角度探讨化学信息与光学信息量的转换，并设计出新的光化学传感器测量体系。

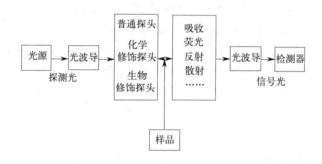

图 2-38　光化学传感器测量体系示意图

2.4.3　光化学传感器的种类及其原理

2.4.3.1　荧光化学传感器

荧光化学传感器通过特定的识别基团与目标分析物之间的相互作用，将分子识别信息转换为易于检测的荧光信号（如荧光强度、波长和寿命等）传导出来。荧光传感器的核心部分是作为指示剂的荧光物质，通常称为荧光探针。一个具有优良性能的荧光探针应满足以下条件：首先，探针的荧光必须要与样品的背景荧光对比明显，不能干扰研究的主体，并能在温和条件下与目标分析物特异性结合；其次，探针应具有较大的摩尔吸光系数、较高的量子产率，以及较好的稳定性；最后，对荧光探针的毒性、生物兼容性以及使用的pH范围也有严格的要求。常用的荧光探针有：有机小分子荧光探针和无机纳米荧光探针。

荧光化学传感器识别待检测物种后，根据反应前后荧光的变化，可以将其分为三类：

（1） OFF-ON 型

OFF-ON 型荧光化学传感器，即荧光增强型化学传感器本身没有荧光或者荧光很弱，当识别底物之后，荧光明显增强，肉眼可以很容易观测到。这类荧光化学传感器，检测的灵敏度高，在实际应用中比较受欢迎。

（2） ON-OFF 型

ON-OFF 型荧光化学传感器，即荧光猝灭型化学传感器可以发出强荧光，当加入被检测物质之后，荧光发射大大减弱甚至猝灭。由于相对高的背景荧光信号，当待测物的浓度接近检测限的时候，很难观察到荧光的信号变化，此类荧光化学传感器在性能方面稍逊于 OFF-ON 型荧光化学传感器。

（3）比率型

比率型荧光化学传感器通常会发出双荧光，当识别被检测物质之后，其中一个荧光发射的强度逐渐降低，而另一个荧光发射的强度逐渐增大，通过两个荧光发射相对强度的变化，从而实现比率检测的目的。比率型荧光化学传感器不受生物自发荧光、溶液的浓度和极性、激光的强度以及光漂白等外部干扰而发挥作用，在定量检测方面具有明显的优势。

比率型荧光化学传感器的典型应用是荧光分光光度计，它通常是由激发光源、单色器、样品池、信号检测系统和信号记录处理系统组成。图 2-39 是荧光分光光度计的结构示意图。荧光检测采用激发光与发射光呈直角的光路。

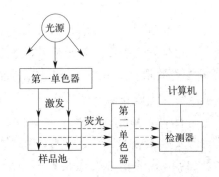

图 2-39　荧光分光光度计的结构示意图

光源发出的光经第一单色器得到所需要的激发光，然后照射到样品池的样品上。由于一部分光能被荧光物质吸收和散射，其透射光强度比入射光强度要低。荧光物质被激发后，将向各个方向发射荧光。为了消除入射光和散射光的影响，通常将检测器安装在与激发光成直角的方向上。为消除可能存在的其他光线的干扰，如由激发光产生的反射光、Rayleigh 散射光和 Raman 光，以及将溶液中杂质所发出的荧光滤去，以获得所需要的荧光，在样品池和检测器之间设置了第二单色器。荧光照射到检测器上，得到相应的电信号，经放大后再用记录仪或电脑记录下来。为了弥补光源的漂移，可采用双光束荧光光度计。

① 激发光源。光源的发射强度应比分子吸收光谱中使用的钨灯和灯的发射强度大，

其目的是为增大荧光分析的灵敏度。常用的光源是低压汞灯、高压氙灯、氙-汞弧灯和激光器。

② 样品池。荧光分析的样品池须用低荧光的材料制成，通常用石英或玻璃，形状以圆柱形和长方体为宜。

③ 单色器。大部分荧光分光光度计采用光栅作为单色器，这样便于可调控制。单色器至少有一个，通常有两个：第一单色器用于选择激发波长；第二单色器用于分离出荧光发射波长。

④ 检测器。荧光的强度通常比较弱，因此要求用具有较高灵敏度的光电倍增管作为检测器，但进行光学多通道检测时，则要用如光导摄像管等多通道检测器。

仔细选择激发波长和发射波长在荧光分析法中是非常必要的。通常，使用同步双扫描技术选择合适的最大激发波长和最大发射波长。但选择激发波长和发射波长时，还要考虑杂质的影响。通过选择一个适当的激发波长（此处杂质的吸收很少）和一个适当的发射波长（此处杂质不具有发射），可以把杂质的影响降到最低。

所研究的样品如为液体，只要在荧光物质的激发和发射波长的范围内没有吸收和发射，就可使用任何溶剂。不论溶液有多透明，它总会散射某些入射光。固体样品同样存在这样的问题。所以通常最好只观测样品的前表面，把样品池安放在与入射光线成一个角度的位置上。

2.4.3.2 化学发光传感器

化学发光传感器是根据化学反应过程中产生的光辐射来确定目标分子含量的一种痕量传感器。在该类化学传感器中，化学发光强度一般与反应速率密切相关，所以影响反应速率的因素都可以成为建立测定方法的依据。化学发光（CL）是指通过化学反应产生光。该化学反应可以引起电子从基态转变为激发态，然后激发的分子衰变到电子基态可以发射紫外、可见光或近红外的光子。自从 Schmitz 在 1902 年合成了鲁米诺的发光试剂，并用它来分析血液，化学发光试验已成为生物医学研究中的一个强大工具。而在所有的化学发光反应中，鲁米诺-过氧化氢反应诱导的化学发光是检测中最常用的体系。Albrecht 在 1928 年首先观察到了在碱性环境中（pH＝10～11）添加鲁米诺时，会发出淡蓝色的光。而随着氧化剂/催化剂如辣根过氧化物酶（horseradish peroxidase，HRP）的加入，化学发光的强度可以显著提高，这被广泛用于各种生物检测。此外，常用的体系还有酸性高锰酸钾化学发光体系、过氧草酸酯化学发光体系和四价铈化学发光体系等。

（1）化学发光基本原理

化学发光法是基于化学发光强度降低或增强程度与待分析物质浓度具有某种良好的线性关系而构建的一种对待分析物质实现在线痕量光谱分析的方法。化学发光被定义是由化学反应或者生物化学反应产生的一种具有特定波长（可见光和近红外区域）的光辐射现象，即其本质是化学反应中的化学能转化为光能。其发光原理大致可分为两种类型：直接化学发光、间接化学发光。直接化学发光是指反应物 A 和 B 发生化学反应，生成物 C 吸收反应释放的能量被激发到激发态 C*，C* 再弛豫回到基态 C 时，会发射特定波长的光子，释放能量，产生化学发光。

$$A+B \longrightarrow C^*+D \tag{2-12}$$

$$C^* \longrightarrow C+h\nu \tag{2-13}$$

间接化学发光是指反应物 A 和 B 发生化学反应，生成的激发态物质 D^* 向荧光剂分子 F 转移能量生成激发态 F^*，F^* 再弛豫回到基态 F 时，会发射特定波长的光子，释放能量，产生化学发光。

$$A+B \longrightarrow C+D^* \tag{2-14}$$

$$D^*+F \longrightarrow F^*+D \tag{2-15}$$

$$F^* \longrightarrow F+h\nu \tag{2-16}$$

（2）化学发光传感器的分类

根据分析对象的不同，化学发光传感器可分为三类：第一类为测定直接参与化学发光物质的化学发光传感器；第二类为测定化学发光体系的增敏剂、催化剂或者抑制剂的化学发光传感器；第三类为测定耦合反应中的反应物、催化剂或者增敏剂等的化学发光传感器。此外，还可以通过标记等方法，测定这三类物质来间接测定人们感兴趣的其他物质，进一步扩大化学发光传感器的应用范围。

（3）化学发光传感器的优点与改进

由于不像荧光分析那样需要外加电源激发，化学发光检测具有自身独特的优点。首先，它能够在低浓度下检测分析物并拥有较宽的动态范围。这归因于化学发光反应过程中发生的化学激发。其次，它显著降低了仪器的成本，因为只需要最少的光学元件，并且通常不需要光学滤波器来消除背景信号。最后，它增加了仪器设置过程中的便携性，因为检测系统只需要一个小光电倍增管，且如果与芯片集成在一起，它可以很容易地安装在微流控芯片的顶部或底部。然而，由于反应物在接触时就开始发生反应，并且发射的光很快就发生了衰减，因此需要对接触位置进行精确控制。而通过生物芯片和微流控技术的整合，可以克服化学发光测定法的部分局限性，如特异性差和涉及样品的预处理，也能够精确地定位发光反应场所，这可以显著简化程序并缩短分析时间，促进其在应用诊断、药物筛选和环境监测的应用，因此被广泛用于检测 DNA、生物分子、酶、蛋白质和金属离子等。

（4）化学发光传感器的应用

在微流控平台上使用化学发光作为开发生物传感器的检测系统，其通常包括生物识别系统与信号转导装置，分别用于对目标物的特异性捕获和获得更加灵敏的信号。生物识别系统通常使用化学修饰或物理吸收来固定不同的功能性分子探针，如抗体、核酸、分子印迹聚合物等。基于抗原-抗体结合的免疫测定法作为一种快速、灵敏和成本效益高的分析技术，广泛应用于实验室和临床检测中，该方法具有高灵敏度、高选择性、快速检测以及无需大量预处理就可分析难度较大的基质的优点。与基于抗原-抗体的免疫识别相比，核酸识别越来越受到大家的关注，更适合于早期遗传检测和传染病分析，因为互补序列之间的碱基配对相互作用也具有强大的特异性和稳定性，同时价格便宜。这种功能性核酸，通常称为适配体，具有一些突出特性，包括高亲和力和特异性，以及便于化学修饰、良好的稳定性和低免疫原性。

Liu 等在芯片通道中铺设特异性的细胞捕获适配体，能够很好地固定住目标细胞，同时再次利用适配体将金纳米颗粒连接到细胞表面，从而增强化学发光强度，达到检测细胞的目的。

2.4.3.3　比色化学传感器

比色化学传感器是通过比较或测量待测物所显示的特征颜色来进行定量或定性判断的一类化学传感器。比色化学传感器有两种。一种是目视比色化学传感器即裸眼检测，是在不借助于外界仪器（光源等）的情况下，直接通过颜色的变化来实现检测目的的一类传感器。该方法的优点是简单、方便，但肉眼观察易受主观影响，准确度较低。另一种是光电比色法和分光光度法，是利用光电比色计或紫外-可见分光光度计测定目标分子含量的分析方法。光电比色计包括光源、滤光片、吸收池、接收器和检流计五部分。随着光学仪器制造技术的发展，与光电比色计的光路结构相似的紫外-可见分光光度计日益普及。在紫外-可见分光光度计中，采用棱镜或光栅代替滤光片作色散元件，光源也从只有一种钨灯增加到氘灯和钨灯两种。与光电比色计相比，紫外-可见分光光度计具有精密度高、适用范围宽和价格低廉等优点，逐渐替代了光电比色计。

相较于前两种光化学传感器，比色化学传感器具有快速、稳定和重现性好等特点，这是其在化学分析、生物医药分析中广泛应用的最大优势。比色化学传感器的灵敏度一般不如荧光化学传感器，更比不上可以用于痕量分析的化学发光传感器。

思考题

1. 湿度传感器有哪些类型？各有什么特点？
2. 设计一个恒湿控制装置，恒湿的控制值可任意设置。

参考文献

[1] Cremer M. Über die Ursache der elektromotorischen Eigenschaften der Gewebe, zugleich ein Beitrag zur Lehre von den polyphasischen Elektrolytketten [M]. Berlin: Oldenbourg, 1906.

[2] Dunmore F W. An electric hygrometer and its application to radio-meteorography [J]. Bulletin of the American Meteorological Society, 1938, 19 (6): 225-243.

[3] Drafts, B. Acoustic wave technology sensors [J]. IEEE Transactions on Microwave Theory and Techniques, 2001, 49 (4): 795-802.

[4] Shao Y Y, Wang J, Wu H, et al. Graphene based electrochemical sensors and biosensors: A review [J]. Electroanalysis 2010, 22 (10), 1027-1036.

[5] Lee B. Review of the present status of optical fiber sensors [J]. Optical Fiber Technology, 2003, 9 (2), 57-79.

[6] Kuchmenko T, Lvova L. A perspective on recent advances in piezoelectric chemical sensors for environmental monitoring and foodstuffs analysis [J]. Chemosensors, 2019, 7 (3): 39.

[7] Saputra H A. Electrochemical sensors: Basic principles, engineering, and state of the art [J]. Monatshefte für Chemie Chemical Monthly, 2023, 154 (10): 1083-1100.

［8］　Wardak C，Pietrzak K，Morawska K，et al. Ion-selective electrodes with solid contact based on composite materials：A review ［J］. Sensors，2023，23 (13)：5839.

［9］　Zhu J X，Liu X M，Shi Q F，et al. Development trends and perspectives of future sensors and MEMS/NEMS ［J］. Micromachines，2019，11 (1)：7.

［10］　Farahani H，Wagiran R，Hamidon M N. Humidity sensors principle，mechanism，and fabrication technologies：A comprehensive review ［J］. Sensors，2014，14 (5)：7881-7939.

［11］　Nenov T，Yordanov S P. Ceramic sensors：Technology and applications ［M］. Boca Raton：CRC Press，2020.

［12］　Blank T A，Eksperiandova L P，Belikov K N. Recent trends of ceramic humidity sensors development：A review ［J］. Sensors and Actuators B：Chemical，2016，228：416-442.

［13］　Singh A，Sikarwar S，Verma A，et al. The recent development of metal oxide heterostructures based gas sensor，their future opportunities and challenges：A review ［J］. Sensors and Actuators A：Physical，2021，332：113127.

［14］　Nikolic M V，Milovanovic V，Vasiljevic Z Z，et al. Semiconductor gas sensors：Materials，technology，design，and application ［J］. Sensors，2020，20 (22)：6694.

［15］　Dhall S，Mehta B R，Tyagi A K，et al. A review on environmental gas sensors：Materials and technologies ［J］. Sensors International，2021，2：100116.

［16］　Liao C L，Shi J F，Zhang M，et al. Optical chemosensors for the gas phase detection of aldehydes：Mechanism，material design，and application ［J］. Materials Advances，2021，2 (19)：6213-6245.

［17］　Tsien R Y. New calcium indicators and buffers with high selectivity against magnesium and protons：Design，synthesis，and properties of prototype structures ［J］. Biochemistry，1980，19 (11)：2396-2404.

［18］　Albrecht H O. Über die chemiluminescenz des aminophthalsäurehydrazids ［J］. Zeitschrift für physikalische Chemie，1928，136 (1)：321-330.

［19］　Liu W，Wei H B，Lin Z，et al. Rare cell chemiluminescence detection based on aptamer-specific capture in microfluidic channels ［J］. Biosensors and Bioelectronics，2011，28 (1)：438-442.

第3章

电化学传感器

随着环境问题的日益突出、人们对医疗健康和食品安全的重视，以及机械化、智能化工业社会的到来，发展精准、高效率的化学物质分析技术和设计高性能检测材料，成为保障社会可持续发展的必然要求。目前化学物质的主要分析方法包括气相色谱-质谱法、化学发光法、比色法、电化学分析法、分光光度法、电泳法和液相色谱法。其中，电化学传感技术作为化学物质分析的一个重要分支，凭借响应速度快、灵敏度高、操作简单、设备便携、检测成本低、可实时监测的优势，受到研究者的日益关注，已成为一个多学科交叉的研究热点。同时电化学检测技术也为开发新型化学量传感器提供了新的途径。

本章首先介绍电化学传感器的基本概念和电化学检测的基本原理，接着介绍几种典型的电化学传感器，包括电位型、电流型、电导型传感器和电化学气体传感器，最后介绍了相关实验。

3.1 电化学传感器概述

3.1.1 基本概念

电化学传感器基于待测物的电化学性质，将待测物的浓度信息化转变成电学信号，通过分析电学信号实现对物质浓度的判断。在检测过程中，电极吸附溶液中待测物质，随后被吸附物质在电极表面发生化学反应，将化学信号转换成电信号，形成与物质浓度相关联的电流响应关系。

电化学传感器的基本组成结构包括三大部分，即识别元件、换能器以及信号处理和显示电路。其基本原理是利用识别元件与样品里的待测分子发生相互作用，使其物理、化学性质发生变化，产生离子、电子、热、质量和光等信号的变化，再通过换能器检测并转换成可以被外围电路识别的信号，经过外围电路的放大和处理后，以适当形式显示出信号供人们使用。识别元件也称敏感元件（sensitive elements），是化学传感器的关键部件，能直接感受被测的化学量，并输出与被测量成确定关系的其他量的元件。识别元件具备的选择性让传感器对某种或某类分析物质产生选择性响应，可以在干扰物质存在的情况下检测目标物。换能器又称转换元件，可以进行信号转换，负责将识别元件输出的响应信息转换为可被外围电路识别的信号，最终通过外围电路处理和显示出来，供人们使用。识别元件与换能器的耦合效率对传感器的性能有很大影响，为了提高检测性能，识别元件通常以薄膜的形式并通过适当的方式固定在换能器表面，确保敏感材料和换能器的牢固结合，并在一定时间内保持稳定。

3.1.2　基本类型和特点

电化学传感器在 20 世纪电化学和分析化学的发展中发挥了重要作用。电化学传感器利用电化学方法，将化学信息转换为可分析的电信号，一般分为两个步骤：识别待测物的响应信号和检测信号的转换。常用的电化学传感方法如下所述。

（1）电位法

电位法是最重要的电化学方法之一，已被广泛研究多年。它是一种零电流技术，通常在零电流条件下使用电位计测量指示电极与参比电极之间的电位差，利用能斯特方程得到分析物浓度的相关信息，一般不涉及氧化还原反应。常见的利用电位法进行测量的例子有离子选择电极（IES）、涂层线电极（CWE）和场效应晶体管（FET）等。

（2）电流法

电流法采用将工作电极保持在恒定电位，通过记录电流-时间的变化来反映分析物的浓度及性质，工作电极材料对电流型传感器的性能影响很大。

（3）伏安法

伏安法一般使用三电极体系（工作电极、辅助电极和参比电极）以及施加的恒电位仪，通过记录电流-电压曲线来进行精确测量。其中，电极电位以一个特定的变化方式施加，将电流作为电位的函数来测定，从而得到有关分析物的信息。其中常用的方式有循环伏安法、方波伏安法、溶出伏安法等。

电化学传感器相比于其他分析技术而言，具有操作简便、易于小型化、响应迅速、灵敏度高、价格低廉等优势，得到了众多学者的广泛关注，在分析化学领域占有重要地位。电化学传感器为化学量的检测提供了自动化、简便和快速的技术手段。随着微加工工艺的不断发展与完善，特别是功能化膜材料、模式识别技术和微机械加工技术等技术的融合，电化学传感器在检测性能与远程检测能力方面有了显著提高，并成为一种方便实用的分析技术与手段，不断被应用于生物医学、环境保护、工农业生产等领域，发展十分迅猛。

3.1.3　电化学测量系统

电化学传感器（electrochemical sensor）是化学量传感器中非常重要的一类，其基本原理是利用电极-介质界面上发生的电化学反应，将待测物质的化学量转变为电信号，实现对化学量的定性和定量检测。电化学测量系统主要包括三个组成部分：电解质溶液、电极（至少两个）和测量电路。电解质溶液是位于一个连通的容器内的电极间媒介，是离子导体，主要由溶剂和高浓度电解质盐及电活性物质组成。

电极是电化学传感器最主要的敏感元件，是电化学反应进行的场所。一个电极系统由一个电子导体相和一个离子导体相组成，且在两相界面有电荷转移发生。这个电荷转移反应，就是电极反应，也就是电化学反应。

常见的电化学测量系统有三种：原电池测量系统、电解池测量系统和电导池测量系统。

评价一个电化学测量系统常用的指标主要有精确度、灵敏度、检测范围、最低检测限、选择性等重要参数。

（1）精确度

精确度是指电化学传感器对目标检测物质的检出浓度和其真实浓度之间的误差范围，精确度越高说明电化学传感器越准确，一般要求精确度达到 5% 以上。

（2）灵敏度

灵敏度是指单位浓度目标检测物变化引起的响应电学变量变化程度。电化学传感器在分析过程中，须建立目标检测物浓度与响应电流之间的校准曲线，通过校准曲线来计算传感器的灵敏度，曲线的斜率即为灵敏度（S）。以浓度（c）-响应电流密度（i）曲线为例，灵敏度计算公式为：

$$S = \frac{\Delta i}{\Delta c} \tag{3-1}$$

式中，Δi 为电流密度变化量；Δc 为浓度变化量。得到响应电流数据后，即可以通过灵敏度迅速推算出目标检测物的浓度。

（3）线性范围

线性范围是指电化学检测的响应电信号与目标检测物浓度呈线性关系的浓度区间，二者线性相关性可用线性相关系数的平方（R^2）评判，R^2 越接近于 1，说明相应电信号与目标检测物浓度之间线性相关程度越高。

（4）最低检测限

最低检测限（c_{lod}）是指采用某种电化学方法对目标检测物可检出的最低浓度。计算公式如下：

$$c_{lod} = \frac{\delta}{S} \tag{3-2}$$

δ 体现了背景电流的噪声水平，以空白样本中相应电信号的标准差表示；S 即为上文中提到的较低浓度线性区间范围内的灵敏度。对最低检测限的判定，往往以响应电信号强度是背景电流三倍时所对应的目标检测物浓度为准，该选取标准具有较高的统计学置信度（99.6%）。

（5）选择性

选择性是对一个电化学传感器在实际应用中的抗干扰性的评估。在实际检测场景中，溶液中往往不仅存在目标检测物一种物质，常常也存在具有一定的电化学活性的其他物质，这些干扰物质也会在电极表面发生反应，影响目标检测物浓度的判定。若其他物质的加入对目标检测物的电学响应影响较小，则认为该电化学传感器具有较好的抗干扰能力，即选择性强。

（6）重复性

重复性一般指同一个电极在连续测定不同样品时，响应电信号的稳定性。一般用多次测量获得的相对标准偏差（RSD）来评价重复性，RSD 越小说明传感器重复性越好。

（7）重现性

重现性是对采用相同方法制备的多个电化学传感器在含有相同浓度的目标检测物溶液中得到响应电信号的一致性，也通过 RSD 来定量评价，RSD 越小说明传感器的重现性越好。

（8）长期稳定性

将电化学传感器在一定条件下长期储存，然后保持相同的条件，对相同浓度的样品检测，评价其响应电信号衰减程度。测试结果越接近于传感器原始状态，电极长期稳定性就越好。

此外，电化学传感器的响应时间、恢复时间，以及生物电化学传感器的生物相容性也是重要的评价标准。

3.1.4　电解质溶液性质

电解质溶液是指含有酸、碱、盐物质的水溶液，电解质在溶液中产生的正、负离子，是一种离子导体。电解质溶液主要有下列性质。

（1）溶液电导率

溶液电导率是指把含有 1mol 电解质的溶液全部置于间距为 1cm 的两块面积足够大的平行电极之间时所具有的电导，用 λ 表示，反映溶液的导电特性。其计算公式为：

$$\lambda = V \times \kappa \tag{3-3}$$

式中，V 为含有 1mol 电解质的溶液的体积；κ 为电导率。

设 c 为 1000mL 溶液中溶质的物质的量，则含 1mol 溶质的溶液的体积为：

$$V = \frac{1000\text{mL}}{c} \tag{3-4}$$

联立式(3-3)、式(3-4)，得电导 G 为：

$$G = \frac{\kappa A}{l} = \frac{\lambda}{V} \times \frac{A}{l} = \frac{\lambda A c}{1000\text{mL} l} = Kc \tag{3-5}$$

式中，$\frac{A}{l}$ 为电导池常数；κ 为电导率；K 为系数。

图 3-1 反映了电解质溶液浓度与电导率之间的关系。电解质按其导电能力大小可以分为强电解质和弱电解质。强电解质在低浓度范围时，电导率随浓度的增加而增大，在浓度超过某一数值时，电导率反而减小，这是因为溶液正、负离子随浓度增大而增加了引力，从而限制了离子运动，影响其导电能力。弱电解质此现象并不显著，弱电解质在水中的电离符合稀释定律，浓度越大，电离度越小。

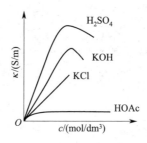

图 3-1　溶液电导率与浓度的关系图

（2）电离常数

弱电解质在一定条件下电离达到平衡时，已电离的溶质分子数与溶质分子总数之比，称为电离度，用 α 表示。电解质电离能力大小用电离常数 K 表示。

假设电解质 BA 在溶液中电离，未电离的分子与电离后生成的离子之间存在动态平衡，这是一个可逆过程，服从质量作用定律，可用下式表示：

$$BA \rightleftharpoons B^+ + A^- \tag{3-6}$$

设 ［BA］表示平衡时未电离的分子浓度，［A$^-$］和［B$^+$］表示平衡时 A$^-$ 和 B$^+$ 的浓度，由质量作用定律可求出电离常数为：

$$K = \frac{[A^-][B^+]}{[BA]} \tag{3-7}$$

K 值越大，达到平衡时的离子浓度也越大，即电解质电离数目增多。K 值反映弱电解质的电离程度，不同温度时有不同的电离常数。它与电离度 α 的关系为：

$$K = \frac{(c\alpha)^2}{c(1-\alpha)} = \frac{c\alpha^2}{1-\alpha} \tag{3-8}$$

式中，c 为 BA 的物质的量浓度。

（3）活度和活度系数

活度用于表示电解质溶液中离子的有效浓度。在溶液中，正、负离子总是同时存在的，因此在电解质溶液中单个离子的活度无法测出，只能测出两种离子的平均活度。在电解质溶液中，由于离子之间以及离子与溶剂分子之间的相互作用，溶液浓度并不能代表有效浓度，需要引进一个经验校正系数 γ（活度系数），以表示实际溶液与理想溶液的偏差。活度系数是指活度与浓度的比例系数。只有当溶液无限稀释时，离子活度才是其浓度，即活度与浓度相等，$\gamma = 1$。

活度 α 与浓度 c 的关系可用式（3-9）确定。

$$\alpha = \gamma c \tag{3-9}$$

3.1.5　电极电位的产生

（1）界面反应

电极系统是由电子导体和离子导体组成的，在它们相互接触的界面上有电荷在两相之间转移。在电极系统中伴随着两个非同类导体相之间的电荷转移，而在两相界面上发生的化学反应，称为电极反应。当金属电极浸没在电解质溶液中时，将在电极-电解质溶液界面上发生电极反应。比如锌电极浸没在一定浓度的硫酸锌水溶液中时，单位时间内有一定数量的锌离子在电极和溶液之间迁移，在两相之间形成一个双电层，产生一个电势差（称为平衡相界电势或平衡电极电势），最终使固相锌离子化学势与液相中锌离子化学势相等，达到平衡状态。电极-电解质溶液界面还存在双电层电容 C_{dl}，其电学性质类似平板电容。在一定的电极电势时，金属电极表面的一很薄的薄层（0.1Å，1Å＝0.1nm）具有过剩的电荷量 q，其符号依赖于界面电势和溶液的组成。

（2）界面电位分布

电子导体相-离子导体相界面在离子热运动和静电力的共同作用下形成双电层。如果电极是良导体材料，其剩余电荷主要分布在界面上，而溶液中的剩余电荷却不均匀分布，可分为两部分，一部分是与电极紧密相连的紧密层，其厚度 d 为水化层离子半径，其电位为电极电势 E 与扩散层电势 Ψ 之差，即 $E-\Psi$；另一部分是扩散层，即液相电势差，记为 Ψ，按指数规律变化，其大小和符号对电极反应有明显影响，与溶液性质、离子浓度以及表面活性物质吸附等有关。

（3）电极电位与能斯特方程

电极电位是指一个电极的电位相对于同一个化学电池内另一电极（参比电极）之间的电位差。标准电极电位定义为在标准状态下（参加反应的各物质活度为 1，如果有气体参加反应，其分压为一个大气压，25℃）相对于标准氢电极的电位差，用 $E^{\ominus}$ 表示。如果不是标准状态，由于溶液离子活度不同，此时电极电位与标准电极电位之间的关系可用能斯特方程确定。

能斯特方程是用以定量描述某种离子在 A、B 两体系间形成的扩散电位的方程表达式。在电化学中，能斯特方程用来计算电极上相对于标准电势而言的指定氧化还原对的平衡电压。

设一电极反应为可逆电极反应：

$$氧化态 + Ze^- \Longleftrightarrow 还原态 \tag{3-10}$$

则能斯特方程表达的电极电位为：

$$E = E^{\ominus} + \frac{RT}{ZF}\ln\frac{\alpha_{还原态}}{\alpha_{氧化态}} \tag{3-11}$$

式中，$E^{\ominus}$ 为相对于标准氢电极的标准电位；R 为摩尔气体常数；F 为法拉第常数；Z 为参加电极反应的电子转移数；T 为热力学温度。

3.1.6　电化学电池的电动势

以铜锌电池为例，锌电极（负极）浸没在硫酸锌溶液中，铜电极（正极）浸没在硫酸铜溶液中，中间为多孔隔膜。多孔隔膜的作用是隔离两种溶液，使两溶液不混合但又允许离子通过。

总的电极反应为：

$$Zn + Cu^{2+} \Longleftrightarrow Zn^{2+} + Cu \tag{3-12}$$

电池表示方式为：

$$Zn \mid ZnSO_4 \parallel CuSO_4 \mid Cu \tag{3-13}$$

符号"｜"表示两相边界，"‖"表示盐桥，整个电池电动势为：

$$E = E_1 + E_{液接} - E_2 \tag{3-14}$$

式中，E_1 为铜电极电位；E_2 为锌电极电位；$E_{液接}$ 为两种溶液的液接电位，若两边离子迁移率相同，则液接电位为零。

3.1.7 液接电位和盐桥

由于隔膜两边溶液组成不同或浓度不同，离子通过界面的迁移率不相等，在界面上产生相反电荷，形成双电层，当扩散达到平衡时，产生的电位差即为液接电位。

液接电位的主要成因有：

（1）同一溶液而浓度不同

当隔膜左右两边分别为 0.1mol/L HCl 和 0.01mol/L HCl 溶液时，由于两侧溶液的浓度差，离子由高浓度向低浓度扩散，但是氢离子比氯离子移动速度快，因此氢离子在右边的累计量大于氯离子，使界面处出现右正左负的电位差，形成一个减慢氢离子移动速度而加快氯离子移动速度的电场。两边电荷量最终达到平衡状态，此时液接电位可用下式表示：

$$E_{液接} = -\frac{RT}{ZF} \times \frac{U_+ + U_-}{U_+ - U_-} \ln \frac{c_1}{c_2} \tag{3-15}$$

式中，c_1、c_2 为同一溶液的不同浓度；U_+、U_- 为阳离子和阴离子的离子迁移率。

（2）浓度相同而电解质不同

当隔膜左右两边分别为 0.1mol/L KCl 和 HCl 溶液时，由于两边电解质阳离子的组成不同，氢离子向左扩散，钾离子向右扩散，但氢离子移动速度比钾离子快，所以在界面处形成左正右负的电位差。

盐桥是指在两溶液间建立的用于减少液接电位的溶液通道。对盐桥的一般要求是正、负离子运动速度大体相同，浓度较高，不能与电池中的溶液起反应，所以常用饱和氯化钾溶液。盐桥浓度很高，使离子向两边溶液扩散，而且钾离子和氯离子运动速度相差不大，使液接电位很小，仅几毫伏，加上两个在新的界面上产生的液接电位大小相同而方向相反，可以相互抵消，最终使液接电位很小。

3.2 电位型传感器

3.2.1 概述

电位型传感器是一类利用膜电位测定溶液中的离子活度或浓度的电化学传感器，也称为离子选择电极。该类传感器表面具有一层敏感膜，可以对溶液中的待测离子产生选择性的响应。当表面电极与含待测离子的溶液接触时，敏感膜和溶液的界面上会产生与该离子活度直接有关的膜电势。离子选择电极的结构见图 3-2，内参比溶液中含有特定的离子成分，如常见的 Cl^-；电极管内的内参比电极通过与内参比溶液作用，产生稳定的电极电位；敏感膜位于内参比溶液与被测溶液之间。膜电位的产生是由于敏感膜材料内的离子与外界溶液的离子发生扩散和交换作用，改变了两相中的电荷分布，从而形成了膜内与膜外的电位差。电位型传感器的膜电位可表示为：

$$E_{膜}=K\pm\frac{RT}{ZF}\ln\alpha \qquad (3\text{-}16)$$

式中，当待测离子为阳离子时取 "＋"，为阴离子时取 "－"；K 在固定条件下为常数；R 为摩尔气体常数；T 为温度；Z 为被测离子的电荷数；F 为法拉第常数；α 为被测离子的活度。由上式可知，膜电位与被测离子的活度的对数呈线性关系。

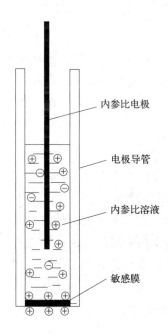

内参比电极

电极导管

内参比溶液

敏感膜

图 3-2　离子选择电极

为了测量电位型传感器的膜电位，需要与一个外参比电极构成电流回路，由外参比电极提供稳定的参考电位，通过测量该原电池的电动势，确定被测离子的活度。假设外参比电极为正极时，电动势与离子活度的关系可表示为：

$$E_{电池}=E_{参比}-E_{离子}=E_{参比}-(E_{膜}+E_{内参})=K\pm\frac{RT}{ZF}\ln\alpha \qquad (3\text{-}17)$$

由上式可知，测量的原电流的电动势仍然与被测离子的活度的对数呈线性关系。

3.2.2　基本特性

电位型传感器通过膜电位的变化检测待测离子的活度，通过以下的基本特性来衡量电极性能的优良。

（1）选择性系数（selectivity coefficient）

选择性系数用于表征传感器电极对于待测离子的选择特性。该类电极的同一敏感膜可以对不同的离子产生不同程度的响应，因此通过选择性系数表示电极的这一特性。当待测溶液中存在干扰离子时，膜电位与待测离子及干扰离子的活度存在如下的关系：

$$E_{膜}=K\pm\frac{RT}{ZF}\ln[\alpha_A+\sum K_{AX}(\alpha_X)^{\frac{z_A}{z_X}}]\tag{3-18}$$

式中，α_A 为待测离子的活度；α_X 为各干扰离子的活度；Z_A 为待测离子的电荷数；Z_X 为干扰离子的电荷数；K_{AX} 为干扰离子 X 相对于待测离子 A 的选择性系数。K_{AX} 越小，相同活度的干扰离子对膜电位的影响越小，电极对待测离子的选择性越好。在选择性系数的计算中，K_{AX} 理解为使敏感膜产生相同膜电位时离子活度的比值，如下式可示：

$$K_{AX}=\frac{\alpha_A}{(\alpha_X)^{\frac{z_A}{z_X}}}\tag{3-19}$$

假设 $Z_A=Z_X$，当 $K_{AX}=0.01$ 时，干扰离子为待测离子活度的 100 倍时才产生相同的膜电位，表明传感器电极具有很好的选择性；当 $K_{AX}=100$ 时，干扰离子仅需为待测离子活度的 1/100，就可以产生相同的膜电位，表明干扰离子对待测离子的干扰很大，该电极对待测离子的选择性很差。由于选择性系数受测试条件、测试方法等因素的影响，不具有通用性，通常需要根据实际情况进行实验测定。

（2）检测范围（examination area）

电位型传感器电极具有非常宽的线性检测范围，范围通常有几个数量级，膜电位与被测离子的活度呈线性关系。然而，在离子活度很低的情况下，由于膜本身成分的溶解及干扰离子等因素的影响，响应曲线发生明显的弯曲；且在离子活度很高的情况下，电极敏感膜材料内的离子无法与外界溶液的所有待测离子交换，产生电极的饱和现象，此时的响应曲线也会发生明显的弯曲。因此，典型的响应曲线如图 3-3 所示，其线性检测范围为 CD 段，AC 段与 DE 段均为非线性的检测范围。

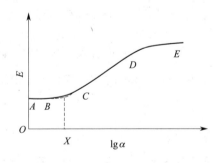

图 3-3　响应曲线

（3）检出限（detection limit）

检出限是指传感器能检测出的待测离子的最低活度。由于在低离子活度条件下，曲线会发生明显的弯曲，根据国际纯粹与应用化学联合会的规定，其检出限是线性区的响应曲线与无待测离子的响应曲线交叉点对应的活度值。图 3-3 中曲线 AB 与 CD 的延长线的交点所对应的活度值 X，就是该电极的检出限。

（4）响应时间（response time）

响应时间是指电极在检测中达到稳定的电位（$\pm 1mV$）所需要的时间。响应时间与电极的种类、溶液的浓度、温度、实验条件等因素有关，因此通常能够使用实验方法确定电极的响应时间。响应时间的测量有浸入法和注射法两种：在浸入法中，响应时间是指电极从浸入溶液到电极获得稳定的电位所需要的时间；在注射法中，电极一直浸没在溶液里面，随后通过注射的方法改变溶液的浓度，电极达到电位变化值的固定比例所需要的时间为响应时间，如 t_{90} 表示电极电位达到电位最终的变化值的 90% 所需要的时间。由于响应时间受许多因素的影响，因此在说明响应时间时，需要指出测量的具体条件。

（5）使用限度（operation limit）

离子电极使用的前提是能够保持离子电极的性能。电极在使用过程中会发生逐渐老化，电极的老化是一个渐进的过程，电极的响应时间会随老化过程而逐渐增加，电极的响应斜率也会随着老化过程而逐渐减小，引起电极原有性能的丧失。敏感膜的组成和类型、电极的使用次数和时间会影响电极的使用寿命。

3.2.3　离子选择电极

离子选择电极有很多种类，也有不同的分类方法。根据敏感膜种类的不同，离子选择电极分为原电极和敏化电极两类。原电极包括晶体膜电极和非晶体膜电极两类，晶体膜电极根据膜的均匀性又可以细分为均相膜电极和非均相膜电极，如氟电极和 Ag_2S 电极。非晶体膜电极根据膜的特性分为刚性基质电极和流动载体电极。最常见的 pH 玻璃电极就是刚性基质电极。敏化电极主要分为气敏电极和酶电极两类，气敏电极用于检测溶液中的气体含量，含有一种微多孔性气体渗透膜，具有疏水性，但能透过气体实现检测；酶电极则是将酶固定在电极的敏感膜表面，溶液中的待测物质通过酶的催化产生的反应产物，与敏感膜发生作用，从而间接测定待测物质。以下对几种典型的离子选择电极进行介绍。

（1）玻璃电极（glass electrode）

玻璃电极属于刚性基质电极，是最常见的一类离子选择电极，因为采用玻璃膜作为敏感材料而得名。其玻璃膜由不同的玻璃成分构成，从而实现对氢、钠、钾、锂等离子的检测。玻璃电极的形状，最常见的是球泡型，其结构如图 3-4 所示，最末端的球泡型结构为敏感玻璃膜，内部有 Ag/AgCl 内参比电极。为了保证内参比电极维持稳定的电位，内部需要有内参比溶液，提供固定的 Cl^- 活度。内参比溶液根据不同的待测离子也会有所不同，如 pH 玻璃电极常用 0.1mol/L 的 HCl 溶液，钠电极常用 0.1mol/L 或 1mol/L 的 NaCl 溶液，钾电极常用 0.1mol/L 或 1mol/L 的 KCl 溶液。膜电位可以通过两种方式连接到外部的检测电路中，一种是采用内参比电极及溶液回路与外部电路连接；另一种是玻璃膜直接通过导线与外部电路连接。如用于重金属离子检测的硫属玻璃膜离子选择电极采用了导线与玻璃膜直接连接的方式，不需要内参比溶液，因此保存方式简单、寿命长、可靠性高。

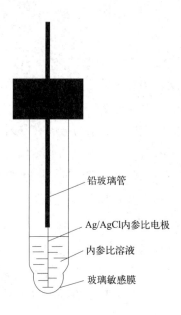

铅玻璃管

Ag/AgCl内参比电极

内参比溶液

玻璃敏感膜

图 3-4　球泡型玻璃电极的结构图

玻璃电极的响应通过溶液中的待测离子与敏感膜发生离子交换而产生膜电位。玻璃电极的敏感膜与溶液接触时，会在膜表面形成薄薄的溶胀的硅酸层，称为水化层。敏感膜区域在离子检测的过程中，可以划分为图 3-5 所示的多个区域。玻璃膜的内、外表面分别与内部溶液、外部溶液接触形成水化层，水化层非常薄，厚度在 $0.05\sim1\mu m$ 之间，离子的交换发生在水化层中。干玻璃层是敏感膜的主要结构，厚度较大，难以发生离子的交换。由于离子的交换发生在水化层中，玻璃电极在使用前需要在水溶液中长时间浸泡，使敏感膜的内、外表面形成水化层，未浸泡的玻璃电极由于表面不存在可参与离子交换的位点，不会对待测离子产生响应。

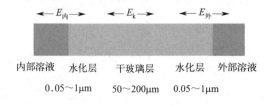

$\longleftarrow E_内 \longrightarrow$　　$\longleftarrow E_k \longrightarrow$　　$\longleftarrow E_外 \longrightarrow$

内部溶液　　水化层　　干玻璃层　　水化层　　外部溶液

$0.05\sim1\mu m$　　$50\sim200\mu m$　　$0.05\sim1\mu m$

图 3-5　敏感膜的界面结构

玻璃电极敏感膜的电位由三部分组成：$E_内$ 为内部溶液与水化层之间的相界电位，E_k 为干玻璃层界面的电位，$E_外$ 是外部溶液与水化层之间的相界电位。由于内部溶液离子活度是固定的，$E_内$ 为常数。干玻璃层中不会发生离子交换，E_k 也为常数。因此，玻璃膜的电位仅仅取决于 $E_外$，即由外部溶液中的待测离子的活度决定。

玻璃电极中最典型的电极是 pH 玻璃电极，以下使用 pH 玻璃电极对该类电极进行详细说明。在标准条件下，根据能斯特方程有：

$$E_{膜} = E_{H^+} + 0.059V \times \lg\alpha_{H^+} = 0.059V \times \lg\alpha_{H^+} \tag{3-20}$$

当玻璃电极与参比电极连接进行测量时，电池的总电动势为：

$$E_{总} = E_{参} - E_{膜} = E_{参} + 0.059V \times pH \tag{3-21}$$

由于参比电极的电位为常数，因此仅需测量电池的电动势即可实现对 pH 值的检测。在 pH 玻璃电极的实际使用中，上式中的常数项需要通过在已知 pH 的溶液中标定来计算获得。

影响 pH 玻璃电极测量准确性的因素主要有以下几种：

① 不对称电位。在实际情况中，由于玻璃膜内、外表面结构，以及成分和性质上的细微差异，如表面形态的差异、水化作用程度不同等，玻璃膜内、外表面存在一定的电位差，称为不对称电位。

② 碱误差。当使用 pH 玻璃电极检测 pH 值大于 10 的溶液时，由于溶液中 H^+ 活度很低，电极此时除对 H^+ 响应外，对溶液中的其他离子也产生响应，测量的结果比真实值偏低，这种现象称为碱误差。碱误差是由干扰离子对离子选择电极的响应造成的。

③ 酸误差。当使用 pH 玻璃电极检测 pH 值小于 0.5 的溶液时，电极的测量值比真实值偏高，这种现象称为酸误差。酸误差产生的原因：当溶液中的 H^+ 浓度很高时，H_2O 分子的活度降低，导致通过 H_2O 传递到电极表面的 H^+ 减小，从而使 pH 测量值增加。

④ 玻璃电极膜内阻。玻璃膜内阻与玻璃组分、表面性质及温度有关，还与膜的厚度及面积相关，玻璃电极的膜内阻对温度的变化非常敏感。

（2）硫化银（Ag_2S）电极

硫化银（Ag_2S）电极属于晶体膜电极中的非均相膜电极，敏感膜是通过将 Ag_2S 晶体粉末在模具中加压力形成薄片制备而成的，敏感膜内通过 Ag^+ 的移动形成电流。硫化银电极有两种结构：一种是典型的离子选择电极结构，内部使用 Ag/AgCl 参比电极和内参比溶液与敏感膜连接；另一种是全固态的离子选择电极结构，采用导线与敏感膜直接连接。由于全固态的电极结构制备简单、保存容易且不需要添加参比溶液，消除了压力、温度对电极的影响，因此在实际使用中以全固态电极为主。

当硫化银电极置于溶液中时，膜表面发生的反应如下式所示：

$$Ag_2S \rightleftharpoons 2Ag^+ + S^{2-} \tag{3-22}$$

该敏感膜可以同时对 Ag^+ 和 S^{2-} 响应，其膜电位分别如下所示：

$$E_{膜} = K + 0.059V \times \lg\alpha_{Ag^+} \tag{3-23}$$

$$E_{膜} = K - 0.0295V \times \lg\alpha_{S^{2-}} \tag{3-24}$$

此外，通过在硫化银膜中掺杂一些卤化银材料，如 AgCl、AgBr 或 AgI，可以制备用于检测卤素离子的离子选择电极；在硫化银中掺杂另一金属的硫化物，如 CuS、CdS、PdS 等，可以制备用于检测相应金属离子的离子选择电极。

（3）液膜电极

液膜电极是一类使用液体作为敏感材料的离子选择电极，与一般的固态敏感膜不同，液膜电极的敏感膜使用浸有某种液体离子交换剂的惰性多孔薄膜制备而成，其中钙电极是典型的液膜电极，其结构如图 3-6 所示。该电极采用 Ag/AgCl 作为内参比电极，使用 $CaCl_2$ 作为内参比溶液。内参比溶液外侧有液体离子交换剂，下端的惰性多孔薄膜浸泡在液体离子交换剂中，形成对 Ca^{2+} 响应的敏感膜。用于 Ca^{2+} 检测的液体膜是含有二癸基磷酸钙的苯基磷酸二辛酯溶液，其中二癸基磷酸钙作为液体离子交换剂与 Ca^{2+} 发生反应。该液体膜极易扩散进入多孔薄膜中，但是不溶于水，因此不会进入待测溶液，对溶液造成污染。

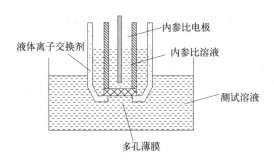

图 3-6　液膜钙电极结构图

（4）敏化电极

前文中所介绍的离子选择电极均用于检测溶液中的待测离子，但有一类离子选择电极可以检测溶液中的气体成分，如 CO_2、NH_3、SO_2 等，称为气敏电极。气敏电极使用复合电极的结构，同时有参比电极和指示电极。透气膜采用多孔性的气体渗透膜，具有疏水性，能允许气体穿过的同时防止溶液或离子透过。待测的气体渗过透气膜，与中介溶液中的物质反应形成指示电极可以响应的离子，指示电极通过对响应离子的检测间接测量待测气体的浓度。

酶电极是另一类敏化电极，通过将生物酶涂于离子选择电极的敏感膜上制备而成。在使用过程中，溶液中的待测物质在酶的催化作用下发生反应，敏感膜对催化产物产生响应，从而实现待测物质的间接测量。如检测尿素的脲酶电极，通过将脲酶固定在对氨气敏感的电极表面，通过脲酶催化尿素反应，产生氨气，实现对尿素的定量检测。

3.2.4　光寻址电位传感器

（1）概述

光寻址电位传感器（light addressable potential sensor，LAPS）是一种场效应传感器，是基于半导体的场效应原理实现传感器的检测。自 1988 年光寻址电位传感器诞生以来，已经广泛用于生物分析、化学成像、离子检测等领域，其中在离子检测方面获得了最广泛的应用。与离子敏场效应管类似，通过在光寻址电位传感器表面修饰不同的离子敏感膜，可以实现不同离子的特异性检测。光寻址电位传感器具有场效应管的优点，在离子检测中灵敏度高、响应速度快，并且检测方便。同时，由于该传感器采用光源作为半导体光

62

电效应的激励信号，通过调制光源照射特定的区域，可以对传感器上的每一个位点进行单独寻址。因此采用高分辨率的光源，通过获得传感器表面单个位点的信号，可以实现高分辨率的化学信号成像。

（2）基本结构和工作原理

光寻址电位传感器的结构如图 3-7 所示。光寻址电位传感器是典型的电解液-绝缘层-半导体（electrolyte-insulator-semiconductor，EIS）结构，由上至下分别为溶液、敏感层、绝缘层、耗尽层及硅基底。

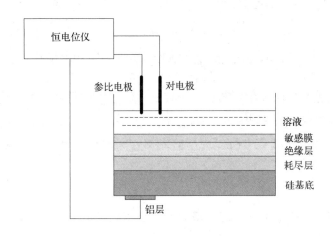

图 3-7　光寻址电位传感器的结构

光寻址电位传感器利用半导体的内光电效应，当半导体受到特定波长的光源照射时，半导体吸收入射光子，价带中的电子吸收能量由价带跃迁至导带，从而产生电子-空穴对。正常情况下，导带中的电子会重新跃迁，形成电子-空穴对的复合。此时，如果在半导体上施加偏置电压（N 型硅加负压，P 型硅加正压），激发形成的电子-空穴对在电场作用下移动，从而在半导体中产生耗尽层，且耗尽层两端形成电压差。电子与空穴的移动形成光电流，可以被外部的检测电路采集。光电流的大小与光强大小、偏置电压有关。

在光寻址电位传感器的实际使用中，通过固定激励光源的光强和频率，可以保证光电流仅与偏置电压有关。当传感器表面的敏感层与溶液中的离子反应时，在敏感层表面产生膜电位，影响了传感器表面的偏置电压。由于膜电位的大小与待测离子的浓度有关，通过对光电流的检测，即可实现对离子浓度的检测。图 3-8(a) 为典型的 N 型硅衬底的光寻址电位传感器在不同浓度下的特性曲线。特性曲线分为饱和区、过渡区（线性区）和截止区三个部分，饱和区的光电流非常大，而在截止区光电流很小，接近 0。当溶液中待测离子的浓度发生变化时，传感器表面的膜电位发生变化，导致偏置电压变化，从而使传感器的响应曲线发生偏移。在固定条件下，特性曲线的电压偏移仅与离子浓度有关，因此可以获得偏置电压与浓度的校准曲线，从而实现离子的定量检测，如图 3-8(b) 所示。

光寻址电位传感器虽然与离子敏场效应管具有类似的结构，但不同之处在于，光寻址电位传感器采用了调制的光源对半导体进行激发，从而产生耗尽层，敏感膜上的膜电位影

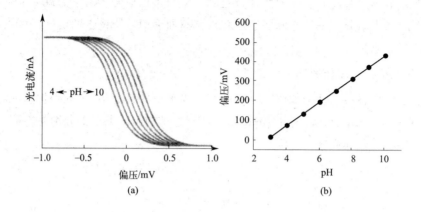

图 3-8　N 型硅光寻址电位传感器的特性曲线（a）和校准曲线（b）

响耗尽层的厚度及光电流的大小；而离子敏场效应管使用该膜电位作为晶体管栅极上的偏压，影响源、漏极之间电流或相应电压的大小。此外，相比离子敏场效应管，光寻址电位传感器最重要的特点是可以采用高分辨率的光源，实现对传感器表面所有位点进行独立寻址。

（3）应用

① pH 的检测。光寻址电位传感器最典型的应用就是 pH 的检测。用于 pH 检测的敏感膜是氮化硅（Si_3N_4），绝缘层采用氧化硅（SiO_2），其原理如图 3-9 所示。光寻址电位传感器表面与溶液相互作用，形成硅醇基团（Si—OH）和硅胺基团（Si—NH_2）。

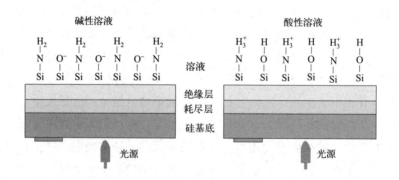

图 3-9　光寻址电位传感器用于 pH 检测的原理

在 pH 较高（溶液碱性）的情况下，硅醇基团会发生式（3-25）所示的反应，形成 Si—O^-，使传感器表面带负电；在 pH 较低（溶液酸性）的情况下，硅胺基团发生式（3-26）所示的反应，与氢离子结合形成 Si—NH_3^+，使传感器表面带正电。在硅醇基团和硅胺基团的共同作用下，光寻址电位传感器表面在不同 pH 的溶液中具有不同的电位，从而影响传感器特性曲线的偏移，实现 pH 的检测。

$$Si—OH \rightleftharpoons Si—O^- + H^+ \tag{3-25}$$

$$Si—NH_2 + H^+ \rightleftharpoons Si—NH_3^+ \tag{3-26}$$

在 pH 的检测中，传感器部分采用三电极系统，即光寻址电位传感器作为工作电极，并外置额外的参比电极和对电极。参比电极为电流-电压特性曲线扫描提供稳定的参考电位，对电极则与光寻址电位传感器构成电路回路。除了常用的光寻址电位传感器特性曲线扫描外，也常采用恒电流模式进行检测，即设计固定大小的光电流作为光寻址电位传感器的工作电流，实时检测工作电压的变化，通过工作电压实现离子的检测。光寻址电位传感器的 pH 检测已经应用于水质监测、细胞代谢监测等领域。

② 重金属离子的检测。LAPS 另一个广泛的应用是水质监测领域的重金属离子检测。通过光寻址电位传感器表面沉积对重金属离子敏感的膜，可以实现对重金属离子的检测。常见的用于重金属离子检测的敏感膜有硫属玻璃和聚氯乙烯两种。硫属玻璃是硫属元素（硫、硒、碲）与其他金属元素或非金属元素（砷、镓等元素或卤族元素）形成的玻璃材料的统称。采用硫属玻璃膜制备的离子传感器具有稳定的电化学特性、高灵敏度、良好的重复性及很长的使用寿命，同时硫属玻璃膜制备简单，易于保存。通过制备含有不同成分的硫属玻璃，可以实现对不同重金属离子的敏感检测，如具有 Cd-Ag-I-As-S 成分的硫属玻璃对 Cd^{2+} 敏感、具有 Cu-Ag-S-As-Se 成分的硫属玻璃对 Cu^{2+} 敏感、具有 Pb-S-Ag-I-As-S 成分的硫属玻璃对 Pb^{2+} 敏感。在光寻址电位传感器的加工中，采用硫属玻璃膜作为靶材，通过等离子体增强化学气相沉积等加工工艺在传感器表面沉积一层硫属玻璃的敏感膜。图 3-10 为沉积对 Pb^{2+} 敏感的硫属玻璃膜的光寻址电位传感器在三种不同浓度溶液中的特性曲线及校准曲线。该光寻址电位传感器对不同浓度的 Pb^{2+} 具有不同的响应，曲线在过渡区发生了不同程度的偏移。

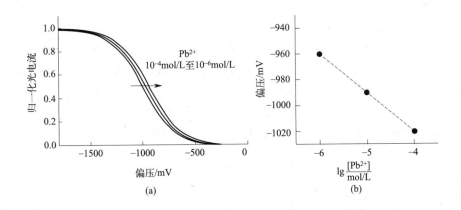

图 3-10　光寻址电位传感器用于 Pb^{2+} 检测的特性曲线（a）及校准曲线（b）

聚氯乙烯是另一类常见的离子敏感膜，除了用于离子敏场效应管，同样也可以用于光寻址电位传感器。通过配制不同成分的聚氯乙烯膜，可以实现对不同重金属离子的敏感检测。通常将聚氯乙烯及其他敏感成分溶解在有机溶剂如四氢呋喃中，通过涂覆的方式沉积在传感器表面并固化，形成敏感膜。采用聚氯乙烯制备的光寻址电位传感器，在重金属离子的检测中，其灵敏度同样可以接近理论值。除了用于重金属离子的检测，通过调节聚氯乙烯膜中的敏感成分，可以用于其他离子的检测，如掺入缬氨霉素用于钾离子检测。然而相比于硫属玻璃膜，聚氯乙烯膜在长时间的检测中易发生老化，导致传感器性能发生漂移，传感器的寿命受到一定的限制。

3.2.5 电位型传感器的应用

（1）医疗诊断应用

在医疗领域，电位型传感器在医学诊断中发挥着关键作用，特别是在监测生理液体中特定离子浓度方面。例如，血液的 pH 值是维持酸碱平衡的重要指标，对诊断酸中毒或碱中毒等至关重要。pH 电位型传感器通过测量氢离子的浓度提供即时的生理状态信息，为医生提供关键的临床数据。再如，监测血液中的钠、钾、氢离子等浓度可用于评估肾功能、电解质平衡和患者的整体生理状态，这对急救、手术和慢性病管理都具有重要意义。

（2）环境监测应用

电位型传感器通过监测水中的氨氮、硝酸盐等离子浓度，可以评估水体中的有机和无机废物分解情况，提供关于水体生态系统健康的关键信息。对于饮用水、水产养殖和环境保护都具有重要作用。

（3）食品行业应用

食品的 pH 值是影响其口感和品质的重要因素。电位型传感器可用于监测食品制备和加工中的酸碱度，确保产品符合消费者的口味标准，并且对防腐和保存也至关重要；在食品行业，盐的含量是决定产品口味的重要因素之一。通过电位型传感器监测食品中盐分的浓度，可以确保产品质量一致，符合卫生和法规标准。

（4）工业控制应用

在工业领域，电位型传感器用于监测金属离子的浓度，确保生产过程的稳定性。这对金属加工、电镀和其他工业过程至关重要，有助于减少废品率和提高生产效率。电位型传感器在化工生产中的应用涉及到酸碱度和离子浓度的监测，有助于确保反应过程的控制，防止不良反应的发生，提高产品的质量和产量。

3.3 电流型传感器

3.3.1 概述

电流型传感器又称控制电势电解型传感器，是指在电位恒定的条件下，使被测物发生定电势电解，基于扩散控制条件下极限电流与浓度的线性关系，从而检测被测物质组分的实时变化的电化学传感器，结构如图 3-11 所示。

3.3.2 原理

电流型传感器需要在电流的界面和电解质溶液中保持一个恒定电位的情况下，将被检测物或者信号标记物直接氧化或者还原，然后将经由该氧化还原反应产生的外电路电流作为传感器的信号输出，传感器的电流信号与被分析物的浓度成比例，从而实现对不同被检测物质的灵敏检测。控制电势的方法有循环伏安法、线性扫描伏安法、脉冲伏安法和方波

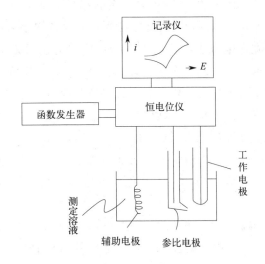

图 3-11 电流型传感器结构图

伏安法等。

循环伏安法（cyclic voltammetry）是一种常用的电化学研究方法。该法控制电极电势以不同的速率，随时间以三角波形一次或多次反复扫描，电势范围内电极上能交替发生不同的还原和氧化反应，并记录电流-电势曲线。根据曲线形状可以判断电极反应的可逆程度、中间体、相界吸附或新相形成的可能性，偶联化学反应的性质等。此方法常用来测量电极反应参数、判断其控制步骤和反应机理，并观察整个电势扫描范围内可发生哪些反应及其性质如何。对于一个新的电化学体系，首选的研究方法往往就是循环伏安法，故称之为"电化学的谱图"。

线性扫描伏安法（linear sweep voltammetry）是一种伏安法技术。该法将线性电位扫描（电位与时间为线性关系）施加于电解池的工作电极和辅助电极之间。工作电极是可极化的微电极，如滴汞电极、静汞电极或其他固体电极，而辅助电极和参比电极则具有相对大的表面积，是不可极化的。常用的电位扫描速率介于 $0.001\sim0.1\mathrm{V/s}$，可单次扫描或多次扫描。根据电流-电位曲线测得的峰电流与被测物的浓度呈线性关系，可作定量分析，更适合于吸附性物质的测定。

脉冲伏安法（pulse voltammetry）使用表面静止的液体或固体电极为工作电极，于相同的间隔时间在工作电极直流电压上叠加一个几十毫秒宽的脉冲电压，在脉冲之前和后期记录电流，从而有效地消除背景电流的影响。根据所加脉冲电势方式的不同，一般可分为常规脉冲伏安法和示差脉冲伏安法。

方波伏安法（square wave voltammetry）又称现代方波伏安法，它是一种多功能、快速、高灵敏度和高效能的电分析方法，在医疗、通信等多领域有广泛应用。

3.3.3 性能影响因素

（1）电极因素

电极包括工作电极、辅助电极（对电极）、参比电极等。

① 工作电极。是传导电子、发生电化学反应的电极。工作电极又称研究电极、指示电极。对于工作电极，通常要求所研究的电化学反应不会因电极自身发生的反应而受到影响，测定的电位区域较宽，电极不与电解液发生反应，电极面积不宜太大，表面要有均一、平滑、易净化等特点。常用的工作电极有 Pt、Au、Ag、碳等。铂是性质最稳定的贵金属之一，因此铂电极具有不易发生化学反应、容易制取高纯物质的特点，此外，铂电极还有氢过电位较小的特点。但是相对于其他金属电极来说，铂电极并不具有价格优势。金电极做阴极时，具有阴极电势窗口范围较大的特点，但是它在盐酸的水溶液中通常容易发生阳极溶解现象，而且封装困难也限制了金电极的使用。碳电极又分为石墨电极、玻碳电极以及糊状电极等。除了玻碳电极以外，其他的碳电极价格都较低，具有一定的价格优势，而且碳电极通常具有较宽的电势窗口。

② 辅助电极。通常也被称作对电极，在它表面并没有被测物质参与反应，它的存在只是为了形成回路，实现工作电极的极化。辅助电极的面积通常是工作电极的三倍以上，这样做的目的是减小其周围的电荷量，降低极化作用对它的影响。辅助电极可以是任何一种电极，因为它的电化学性质并不影响工作电极的行为。通常选择电解时不产生可到达工作电极表面并影响界面反应的物种的电极作为对电极。经常是将它与工作电极放置在用烧结的玻璃片或其他分离器分开的不同的室中。研究中，铂黑电极是最常用的一种对电极，也可以使用在研究介质中保持惰性的金属材料如 Ag、Ni、W、Pb 等作为对电极；在特定情况下有时会根据实际要求使用特定电极。为了制作方便或者为了检测方便，工作电极和对电极可以使用相同的材质。

③ 参比电极。是一种为工作电极提供参考电位的电极。在电流型传感器中，由于工作电极周边化学反应的不断进行，传感器的性能会不断削弱。此时，在工作电极周边放置一个参考电极，可以使工作电极维持较好的工作性能。测量时，由于在参比电极上通过的电流很小，参比电极不会被极化。在这里，参比电极的主要作用是确保工作电极在相对稳定的电势上工作。

传感器常见的电极系统包括双电极系统和三电极系统。

① 双电极传感器由工作电极和对电极组成。工作电极和对电极之间的离子电流由电解质传输。待测物质会通过防水透气膜进入腔室内，并与工作电极接触，发生化学反应，产生或者消耗电子，形成电位差，与对电极通过电解液构成回路，产生电流。但是电极周边电荷的存在、运动会导致电极发生极化现象，电位差无法稳定存在。

② 三电极传感器包括工作电极、对电极、参比电极，三个电极存在于一个传感器腔室内，通过电解质传导电子。与传统的双电极传感器相比，三电极传感器大幅度缩短了极化时间，并且提高了检测精度和系统稳定性，同时也增加了实现难度。在三电极电化学气体传感器中，检测的是工作电极和参比电极之间的信号强度，而对电极在这一过程中只负责电子转移。由于参比电极本身并不在电流回路之中，因此其周围电荷较少，极化程度也较低，因此，它可以使电极间的电位相对稳定，此时电位的变化就与气体浓度的变化直接有关。通过参比电极可将工作电极控制在某一指定电位，当分析气体通过电极时，在该电位下进行氧化或者还原反应，产生的信号电流与气体浓度成正比，所以可以用来定量检测。

（2）电解质因素

电流型传感器中的电解液与传感器的使用寿命、响应时间密切相关，电解液通常包括水溶液电解液、有机溶剂电解液、离子液体电解液、固态电解液等。

① 水溶液电解液。是电化学气体传感器的最常用的电解液，这种电解液污染小、使用方便、成本较低。水溶液电解液可以分为碱性电解液、酸性电解液和中性电解液三种。

当溶液中有高浓度的 OH^- 存在时有利于电极反应的进行，过去电流型电化学传感器电解液的研究主要集中在碱性电解液，如氢氧化钠和氢氧化钾等。很多气体如氨气等的电催化氧化反应在碱性溶液中更容易进行，但是碱性电解液比较容易吸收空气中存在的二氧化碳生成碳酸盐，改变了电解液的组分，长期下去就会使传感器的性能下降，而且随着溶解度较低的碳酸盐浓度的增加，易生成沉积而破坏工作电极结构，最终导致传感器失效。因此，碱性电解液已经逐渐被其他电解液取代。

因为具有不易受到空气中二氧化碳干扰、不易出现结晶等特点，酸性电解液是气体传感器中用得较多的电解液，但是一些气体，如氨气等不能在酸性电解液中被氧化，因此，酸性电解液用作传感器电解液的应用也受到了限制。此外，作为一种水溶性电解液，酸性电解液同样存在着水会蒸发、电解质会干涸的缺点，影响传感器的寿命。

因此，为了解决酸、碱性电解液无法兼容对应的碱性、酸性气体的问题，人们研究了中性电解液，选择用中性盐，如氯化钾来作电解液。但是在中性电解液中，盐的溶解度要比酸和碱小得多，容易在电极上出现结晶现象，从而破坏电极的结构，导致传感器的性能下降，因此，用盐溶液作电解液的电化学气体传感器的寿命甚至比用酸性电解液还要短。

② 有机溶剂电解液。通常具有不易挥发、化学性质稳定、氧化还原电势窗口宽等优点，但是存在着燃点低、易燃、导电性差等问题，通常需要几种电解质复配使用，反应体系较为复杂。

③ 离子液体电解液。离子液体也称室温熔融盐，一般是由有机阳离子和阴离子构成的在室温下呈液态的盐类化合物。离子液体电解液有很多优点：液体状态温度范围宽，低于或接近室温的范围内具有良好的物理和化学稳定性；蒸气压低，不易挥发，没有水溶液电解液干涸和结晶的问题；离子电导率高；电势窗口宽；可调控极性较大；低毒或无毒；选择性高；等等。但用离子液体作电解液时，存在着密封比较困难、漏液、腐蚀电极等问题。

④ 固态电解液分为两种，分别是无机固体电解液和有机固态电解液。无机固体电解液是指处于固态条件下具备离子液体特性的一类物质，一般以电子或空穴作导电载体，以无机固体电解液的离子作为电荷载体。无机固体电解液导电性能较好、导电条件要求低、可塑性好，有较好的前景，但是其较高的机体脆性限制了其应用。有机固体电解液以有机物为载体，通常称为固体聚合物电解液。这类电解液结合了离子液体与聚合物二者的优点，既使聚合物具有了离子液体的导电性优势，又使离子液体包装困难的问题得到解决。

3.3.4　电流型气体传感器

（1）概述

电流型气体传感器（electrochemical current gas sensor）利用与气体发生相互作用的电极和固定的参比电极之间的电位差，采用恒电位电解方式或原电池方式工作而进行气体浓度的测量，测量参数是电化学反应中的电流。

（2）原理

电流型气体传感器通过外部电路将电解池的工作电极与参比电极恒定在一个适当的电位，使待测气体在电解池中的工作电极上发生电化学氧化或还原过程。由于待测气体在氧化和还原反应时所产生的非法拉第电流很小，可以忽略不计，待测气体电化学反应所产生的电流与其浓度成正比并遵循法拉第定律。因此，通过测定工作电极上产生的电流大小就可以确定待测气体的浓度。

电流型气体传感器的结构主要包括电极、电解液、电解液的保持材料、除去干扰气体的过滤材料、密闭外壳和涂覆有接触电阻小且抗氧化金属材料（如金 Au）的管脚。电流型气体传感器的化学反应系统通常由二电极组成：工作电极（发生氧化反应的工作电极）和参比电极（提供恒电位的参比电极）。其中工作电极是由对被测气体具有催化作用的材料制成的。但是，当通过的电流较大时，参比电极将不能负荷，其电极电位不再稳定，或体系的电流或电压降变得很大，难以克服。此时除工作电极和参比电极外，需要引入一个对电极（或称辅助电极，发生还原反应的对电极）来构成三电极系统。电流通过工作电极和对电极组成回路，而由工作电极和参比电极组成另一个电位监测回路，该回路中的阻抗很高，所以实际上没有明显的电流通过，从而可以实时地显示电解过程中工作电极的电位。

3.4　电导型传感器

3.4.1　液体电导型传感器

（1）液体电导型传感器的概述

液体电导型传感器是将被测物氧化或还原后电解质溶液的电导变化作为信号输出，从而实现离子检测的电化学传感器。电导是电阻的倒数。某盐溶于溶液中时，会解离出带电荷的阳离子和阴离子，若将两片平行的电极插入到此溶液中并施加一定电压，阴、阳离子在电场的作用下向极性相反的方向移动并传递电子，其过程就像金属导体一样。离子的移动速度与所加电压呈线性关系，所以电解质溶液也遵循欧姆定律。电解质的电导除与电解质种类、浓度有关外，还和电解质的解离程度、离子电荷、离子迁移率、离子半径以及溶剂的介电常数、黏度等有关。

欧姆定律以下述关系式表述：

$$U = IR \qquad (3\text{-}27)$$

则电导为：

$$L = \frac{1}{R} \tag{3-28}$$

则有：

$$U = \frac{I}{L} \tag{3-29}$$

电导与电极的尺寸有关，根据欧姆定律，温度一定时，两平行电极之间的电导 L 与电极的截面积 A 成正比，与距离 l 成反比：

$$L = \frac{\sigma A}{l} \tag{3-30}$$

式中，σ 为电导率，S/cm。

电导电极是测量电导的传感元件，它将两块大小相同的铂电极平行地嵌在玻璃上，并分别从铂电极上引出两根引线，如图 3-12 所示。对于一个确定的电极，其截面积和两极间距离是固定的。电极支架材料有很高的绝缘性能，耐化学腐蚀，并在高温下不易变形。

图 3-12　电导电极结构示意图

对每一个电极而言，两电极的截面积 A 和距离 l 是固定不变的，l/A 可看成是一个常数，用 K 表示：

$$K = \frac{l}{A} \tag{3-31}$$

$$K = \frac{\sigma}{L} \tag{3-32}$$

式中，K 为电极常数。

准确测量电极的截面积 A 和距离 l 比较困难，而且不能直接测量。所以电极常数通过一已知浓度的标准氯化钾溶液间接测量。某温度下，一定浓度的氯化钾溶液的电导率是确定的，只要将待测电极浸入已知浓度的氯化钾溶液中，测出电导 L 并代入式(3-30)，即可求得电极常数 K。

由于电导电极由两片平行金属板构成，所以电解质溶液中，溶液与电极界面有双电层存在，故有电容。大多数情况下，测量电导率所用的电源是交流电源，因此测量溶液的电导率时，实际上测量的是溶液的阻抗而不是纯电阻。

液体电导率传感器是以电解质的电导率与离子浓度的依赖关系为依据的。如 25℃时纯净水（离解产物为 H^+ 和 OH^-）的理论电导率 $\sigma = 0.038\mu S/cm$，但微量的电解质材料就能使 σ 急剧增加：添加食用盐会使电导率变为 2σ；相同浓度的强酸使 σ 增加 5 倍。电解质电导率测量的发展应归功于科尔劳施（F. Kohlrausch，1840—1910 年）。

电极测得的溶液电压应该与电流成正比，且服从欧姆定律。但是，阳极和阴极上的极化现象使电极与电解质界面产生压降，所以通过装置的电流与外加电压并不成正比。

总电流是正离子与负离子的电荷之和：

$$I = \frac{(nZv)_+ + (nZv)_-}{l} \tag{3-33}$$

式中，n 是极性离子数；Z 是离子电荷；v 是离子迁移速率；l 是阳极与阴极之间的距离。v 取决于外加电场（E/l）与离子迁移率 μ，定义为单位外加电场下的速率。μ 是离子的特性，与溶液中其他离子的迁移率基本无关；当频率较低时，μ 与外加电场和电场频率无关。

根据式(3-31)，若导电容器的有效横截面积为 A，则电导率为：

$$\sigma = \frac{I}{V} \times \frac{l}{A} = \frac{(nZv)_+ + (nZv)_-}{l} \times \frac{l}{VA} = N(Z\mu)_+ + N(Z\mu)_- \tag{3-34}$$

式中，$N = n/(VA)$ 是所考察离子的浓度（单位体积的离子数）。离子浓度与溶质浓度不同，它取决于离解度和每个离解分子所释放的离子数。因此，σ 是关于离子迁移率和离子浓度的信息。对于稀释溶液，σ 与溶质浓度仍成正比，当溶质浓度较大时，它们的关系可以从经验数据中查到。

（2）液体电导型传感器的应用

电导率测定是一种比较特定的方法（溶液中所有的离子都对电流有贡献），并且与温度相关（约 0.02/K）。由于被测电阻与电解质的电导率和容器几何尺寸有关，故应先测量某一已知电导率的溶液，以确定容器常数，同时进行温度测量，对电导率进行自动修正。电极采用电镀电极，以便增加有效表面、减小阻抗、提高耐腐蚀能力。非接触型导电容器可以在高温下测量溶液的电导率。它以绕在圆柱形容器周围的线圈或极板作电极，避免了电极的腐蚀。

电导型传感器适用于分析二元水-电解质混合物（例如电解水的监测，电导率增大表明水被酸、碱等高电离物污染）。在制药、饮料、热力锅炉等使用纯水的场合中，电导率测定法被用来评估排放物。该法还用于监控处理水、监视海水含盐量或评估淡水源中受海水渗透的程度。例如，自然水（一般包括雨水、自来水、地下水、河水、湖水和海水等）中含有不同浓度的电解质，即带正、负电荷的各种离子，如 H^+、OH^-、Na^+、Cl^-、K^+、I^- 等。实验表明，水的电导率会随温度的降低而逐渐下降。当温度降到 0℃ 以下时，水的电阻率将大大增加，原先呈现导电特性的水溶液的电阻值将达几兆欧到几百兆欧。所以在冰冻条件下，水只具有弱导电性。利用空气、冰和水电导特性的不同，设计一个由单片机控制的传感器。该传感器通过依次接通检测电源、不同刻度位置的介质和电导识别电路，能够快速准确地定位空气与冰层、冰层与水位的界面，从而精确测量冰层厚度。

3.4.2　气体电导型传感器

（1）半导体气体传感器的发展

半导体气体传感器是目前广泛应用的气体传感器之一。当气体吸附于半导体表面时，引起半导体材料的总电导率发生变化，使得传感器的电阻随气体浓度的改变而变化，这就是电导型半导体气体传感器的基本原理。

20 世纪中叶，人们就发现半导体膜具有气敏效应，但没有得到足够的重视和研究。直到 1962 年，日本的清山哲郎等发现半导体表面普遍存在气敏效应，并于当年研制出第一个 ZnO 半导体薄膜气体传感器。随后不久，美国人研制成功了烧结型的 SnO_2 陶瓷气体传感器，氧化物薄膜（SnO_2、CdO、Fe_2O_3、NiO）的气体传感器也相继问世。

20 世纪 80 年代，气敏氧化物表面的电子结构与电导的关系、掺杂和未掺杂气敏氧化物表面的结构特征以及气敏氧化物电导与温度的关系等成了人们关注的焦点。这为后来人们研究气、固界面的化学反应铺平了道路。20 世纪 80 年代中期，人们又开始注重各种添加剂、催化剂对不同气敏材料体系的灵敏度、选择性及初始阻值的影响。然而迄今为止，人们还只对 SnO_2 基氧化物半导体材料进行了较为系统的研究。

20 世纪 90 年代早期，工作者开始注重研究微观结构和气敏特性的关系，研究催化剂对气敏材料特性的影响，这些研究导致了催化机理的提出。20 世纪 90 年代中后期，总的工作就是优化设计气敏材料的化学成分与微观结构、传感器工作模式以及元件和电极结构等几个方面。

气敏材料的优化设计导致了新材料和原有材料新功能的诞生。特别是 20 世纪末期发展起来的纳米材料具有许多不同于传统材料的特性，它所具有的高比表面积、高活性、特殊物理性质和极微小性使它对外界环境十分敏感，这种特殊性能使纳米材料成为化学量传感器最有前途的应用材料，利用它可研制出响应速度快、灵敏度高、选择性好的各种化学量传感器。

经过几十年的发展，半导体气体传感器已经具有了一定规模，达到了一定水平，并开始应用于工业生产和日常生活中。但是，半导体气体传感器还有许多问题有待解决，如精度、选择性和稳定性等在许多条件下都不能满足要求。现在科学家正从各方面努力以求解决这些难题，并提出了各种方法，其中比较有代表性的是应用数字信号处理方面的理论。

（2）半导体气体传感器的应用

半导体气体传感器主要用于检测有毒气体、大气污染气体（CO、CH_4、NO_x）或可燃性气体，以提高生活质量、保护生态环境、保障机器正常生产。

到目前为止，应用最广泛的三大气敏基体材料是氧化锡（SnO_2）基、氧化锌（ZnO）基和氧化铁（包括 γ-$2Fe_2O_3$ 和 α-$2Fe_2O_3$）基半导体陶瓷材料，此外还有复合氮化物材料。在这些气敏基体材料中添加不同的杂质可以制备出检测不同气体的气敏元件。这类气敏元件的工作温度比较高，需要在加热条件下才能有效地工作。下面主要介绍 SnO_2、ZnO 基气敏半导体传感器的最新研究成果。

半导体 CO 传感器是通过溶胶-凝胶法获得 SnO_2 基材料，并在材料中掺杂金属催化剂来测定气体的敏感器件。目前，国外有关于在 SnO_2 基材料中掺杂 Pt、Pd、Au 等的报道。当在 220℃下，SnO_2 基材料中掺杂 2%（质量分数）的 Pt 时，CO 传感器具有最大的敏感度。由于交叉感应，CO 传感器对很多气体（如 H_2、CO_2、H_2O 等）都有感应，但是采用上述方法能使 CO 传感器对干扰气体的敏感度下降很多。

检测 CH_4 的传感器主要是 SnO_2 半导体传感器，加入少量 Pd、Sb、Nb 和 In（现有报道三价铁离子 p 型掺杂）等元素并进行外层催化处理可以提高检测 CH_4 的灵敏度。SnO_2 半导体传感器的催化层由 Al_2O_3 和 Pt 组成，探测限达到 $50\sim10000mg/m^3$，此外还可加入适量 $SnCl_2$ 溶剂和硅胶以增强机械强度和表面孔隙率。转换元件的加热器为 Pt-Ir 丝，若加隔膜还能在恶劣的环境下工作，如图 3-13 所示

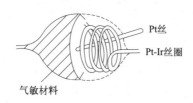

图 3-13　元件结构示意图

有研究者利用湿化学方法向 SnO_2 薄膜中注入 K^+、Mg^{2+}、Ca^{2+} 等碱土金属离子，发现在热处理时钙能抑制晶粒长大，从而提高了薄膜的比表面积，使薄膜对甲烷的灵敏度增加，而钾起的作用与钙相反。

还有研究者用溶胶-凝胶法将 SnO_2 薄膜沉积在 3 种不同的基片上，即浮法玻璃、康宁 7059 玻璃和氧化铝。其实验结果是：浮法玻璃基片上的 SnO_2 薄膜的平均晶粒大小为 4.5nm，薄膜光滑；另外两种基片上薄膜的晶粒为 9nm，且薄膜上有裂纹。这说明基片的选择会影响纳米薄膜的晶粒大小，进而影响薄膜的气敏特性。

有文献报道，采用催化剂边界生长的 ZnO 膜技术，可以根据 ZnO 膜电阻的大小来响应和检测气体。根据气体的特殊选择性，工作者研制出聚合体膜，通过检测气体渗透压力来获得气体浓度。实验表明：用射频磁控溅射制备的 ZnO 薄膜对臭氧有很高的检测灵敏度；掺杂 Pt、Pd 的 ZnO 薄膜对可燃性气体有较高的敏感性；而掺杂 La_2O_3、Pd、V_2O_5 的 ZnO 薄膜对丙酮等较敏感。

有研究者用溅射法制备的 ZnO 薄膜传感器对 H_2、NO_2、CO 有很好的敏感特性，并且在低温下对 NO_2 有很高的灵敏度；掺杂 La_2O_3、Pd、V_2O_5 的 ZnO 薄膜传感器可用于健康监测，监测人的血液和大气中的酒精浓度等；而 Al 掺杂的 ZnO 薄膜气体传感器则能在 400℃ 的温度下工作，对 CO 的灵敏度达到 61.6%。

目前，一种新颖的气体传感器制作工艺引起了许多研究者的兴趣。Gruber 等对 c 轴择优取向的 ZnO 薄膜进行 $CH_4/H_2/H_2O$ 等离子蚀刻（一般实验室刻速为 2nm/min），制得的 ZnO 薄膜气敏元件选择性好、响应速度快、灵敏度高，能探测到仅 0.01%（体积分数）的 H_2。

除了 SnO_2、ZnO 和 Fe_2O_3 等气敏基体材料外，WO_3 对 NO_2 有很好的敏感性，WO_3 制备方式和敏感膜的制作技术影响传感器的气敏性能。在 WO_3 中掺杂 1%～5% SiO_2，且敏感膜晶粒达到纳米级时气敏特性最好。

有研究者对用半导体气体传感器指示防毒面具的滤毒失效进行了探讨，对气敏元件的基本原理、选择性、分辨力、重复性、响应时间等技术参数进行了阐述，并分析讨论了使

用 CGS 气体传感器的试验结果。应用半导体气体传感器检测防毒面具滤毒盒是否失效有较大的社会经济效益。

还有研究者报道了 Ag 掺杂的半导体氧化物 $Cu\text{-}BaTiO_3$ 对 CO_2 的敏感特性，Ag 掺杂量不仅影响 $Cu\text{-}BaTiO_3$ 检测 CO_2 的灵敏度和工作温度，还影响材料在空气中的电阻值。通过适当量的 Ag 掺杂能提高 $Cu\text{-}BaTiO_3$ 的化学活性，增强对 CO_2 的吸附和反应，并提高传感器对 CO_2 的灵敏度。

思考题

1. 电化学研究的对象是什么？
2. 什么是液接电位？
3. 消除或降低液接电位的方法有哪些？
4. 盐桥的作用和要求是什么？
5. 离子选择电极的检测下限由哪些因素决定？
6. 在电流型传感器中，控制电势的方法有哪些？

参考文献

[1] 张学记，鞠㶲先. 电化学与生物传感器——原理、设计及其在生物医学中的应用 [M]. 北京：化学工业出版社，2009.

[2] 左伯莉，刘国宏. 化学传感器原理及应用 [M]. 北京：清华大学出版社，2007.

[3] Asad M，Sheikhi M. Surface acoustic wave based H_2S gas sensors incorporating sensitive layers of single wall carbon nanotubes decorated with Cu nanoparticles [J]. Sensors and Actuators B：Chemical，2014，198（3）：134-141.

[4] 李文锋，黄颖，彭与煜. 电位型传感器的智能化、小型化发展研究 [J]. 化学传感器，2018，38（3）：1-10.

[5] 俞汝勤，章宗穰，沈国励. 电位型传感器：近期发展概况（英文）[J]. 化学传感器，1998（3）：9-10.

[6] 章宗穰. 电流型化学传感器的发展近况 [C]. 第九届全国电化学会议暨全国锂离子蓄电池研讨会，1997.

[7] 王志鹏，郭知明，邢金峰. 导电聚合物气敏传感器研究进展 [J]. 化学工业与工程，2023，40（2）：4075-4084.

[8] 武五爱. 电化学传感器原理及应用研究 [M]. 北京：化学工业出版社，2020.

[9] 刘晓霞，王军，何荣恒. 电化学应用基础 [M]. 北京：科学出版社，2021.

[10] Haupt K，Dzgev A，Mosbach K. Assay system for the herbicide 2,4-dichlorophe-noxyacetic acid using a molecularly imprinted polymer as an artificial recognition element [J]. Analytical Chemistry，1998，70（3）：628-631.

[11] Chou L C S，Liu C C. Development of a molecular imprinting thick film electrochemical sensor for cholesterol detection [J]. Sensors and Actuators B：Chemical，2005，110（2）：204-208.

[12] Li C Y，Wang C F，Guan B，et al. Electrochemical sensor for the determination of parathion based on p-tert-butylcalix [6] arene-1,4-crown-4 sol-gel film and its characterization by electrochemical methods [J]. Sensors and Actuators B：Chemical，2005，107（1）：411-417.

[13] Li C Y，Wang C F，Wang C H，et al. Construction of a novel molecularly imprinted sensor for the determination of O,O-dimethyl-(2,4-dichlorophenoxyacetoxyl)(3′-nitrophenyl) methinephosphonate [J]. Analytica Chimica Acta，2005，545（2）：122-128.

［14］ Pogorelova S P，Kharitonov A B，Willner I，et al. Development of ion-sensitive field effect transistor-based sensors for benzylphosphonic acids and thiophenols using molecularly imprinted TiO$_2$ films ［J］．Analytica Chimica Acta，2004，504（1）：113-122.

［15］ Liang C D，Peng H，Bao X Y，et al. Study of a molecular imprinting polymer coated BAW bio-mimic sensor and its application to the determination of caffeine in human serum and urine ［J］．Analyst，1999，124（12）：1781-1785.

［16］ Murray G M，Arnold B M. Molecularly imprinted polymeric sensor for the detection of explosives：WO2001US11562 ［P］．2001-04-10.

［17］ 左言军，余建华，黄启斌，等．沙林酸印迹聚邻苯二胺纳米膜制备及结构表征 ［J］．物理化学学报，2003，19（6）：528-532.

第 4 章

生物量传感器

生物量传感器（biological sensor）是一种利用生物活性物质选择性地识别和测定各种生物化学物质的传感器，其研究最早开始于 20 世纪 60 年代的酶电极。20 世纪 70 年代中期开始先后出现了酶传感器、微生物传感器及免疫传感器、核酸传感器（以 DNA 生物传感器为代表），之后又相继出现了细胞传感器、组织传感器等传感器类型。生物量传感器具有选择性好、测定速度快、灵敏度高等优点，已在生物医学研究、食品安全和环境监测等多个领域得到较好的应用。生物量传感器技术是介于信息和生物技术之间的新兴技术，随着生物医学与微电子学、光电子学、微机电系统（micro-electro-mechanical system，MEMS）等技术的不断发展，具有良好的发展与应用前景。

本章将对酶传感器、免疫传感器、DNA 生物传感器、细胞传感器和组织传感器进行统一介绍。在此基础上，对微生物细胞传感器、细胞代谢的测量以及细胞电生理的测量等细胞与组织传感器进行集中介绍。

4.1　生物量传感器概述

生物量传感器一般由生物识别元件（敏感元件）和信号转换单元组成，共同完成待测物的定量检测。利用生物材料进行分子识别，是生物量传感器的重要特点。生物活性材料具有的高选择性和亲和性，决定了生物量传感器对检测物质响应的特异性与灵敏性。本节主要对生物量传感器的基本概念、发展历史、组成与特性、主要识别元件及其分类进行简要介绍。

4.1.1　生物量传感器的概念与原理

生物量传感器的起源可以追溯到 20 世纪 60 年代，科学家们将葡糖氧化酶（glucose oxidase，GOD）固定化膜和氧电极组装到一起，制成了世界上第一个生物传感器——葡萄糖酶电极。随后，生物量传感器如雨后春笋般迅猛发展，并应用到各个研究领域当中。生物量传感器的本质是将目标物与目标物的识别情况转换为可分析的信号，并进一步通过换能以及信号放大等元件将其转变为可以读取的数据，从而实现对目标物的定性甚至定量分析。生物量传感器是一种利用生物敏感材料作为识别元件与适当的物理、化学及生物等换能器（转换元件）有机结合并实现信号放大的分析设备。

生物量传感器的工作原理如图 4-1 所示，待测物经扩散作用进入固定化生物敏感膜层，经识别元件的分子识别，发生生物化学反应，产生的信息继而被相应的化学或物理换能器转化为可定量和可处理的电信号或光信号，再经信号放大系统处理后，在仪表上显示或记录下来。传感器的性能主要取决于识别元件的选择性、换能器的灵敏度以及它们的响应时间、可逆性和寿命等因素。

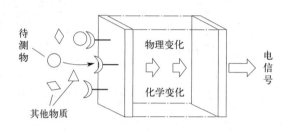

图 4-1　生物量传感器基本原理示意图

4.1.2　生物量传感器的组成、固定方法及主要特性

（1）生物量传感器的组成

如图 4-2 所示，生物量传感器包括以下部分：

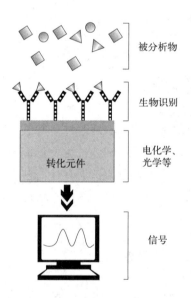

图 4-2　生物量传感器示意图

① 被分析物（analyte）。被检测的物质，可以是细胞、细菌、病毒、蛋白质、激素、酶、核酸等。

② 生物识别元件（bio-recognitionelement）。即敏感元件，是生物学相关的材料或仿生元件，由固定的生物成分组成，与被研究的分析物相互作用、结合或识别。生物识别元件可以是生物组织、酶、抗体、微生物、细胞、细胞受体、细胞器、抗原、多肽、DNA等。一旦生物识别元件与被分析物相互作用，就会产生热量、电荷、质量和 pH 值等信号的变化，这个过程被称为生物识别。

③ 换能器（transducer）。即转换元件，生物量传感器的最重要部分，是将一个信号转换成另一个信号的检测器件。换能器的主要功能是将生物识别元件和被分析物之间的识别信息转换为可测量的信号，然后将信号以图形、数字或图像的方式呈现。

④ 读取设备（reader device）。用于实现信号放大和可视化。生物量传感器读取设备与相关的电子设备或信号处理器连接，主要负责信号的二次放大并输出，其根据生物量传感器的不同工作原理而不同。

（2）生物量传感器的固定方法

生物受体固定是生物量传感器开发的关键步骤，它极大地影响了设备在灵敏度、稳定性、响应时间和重现性方面的分析性能。为了发挥生物量传感器的性能，应将生物识别元件附着在传感器上。生物量传感器通常附着具有高负载的生物分子，以确保足够的生物活性，并且为了进一步维持生物活性，应提供适当的分子环境，局部的环境变化会对生物分子的稳定性产生重要的影响。因此，为了使生物元件在其固定的微环境中表现出最大的活性，固定方法的选择尤为重要，其取决于被分析物的物理化学性质、生物识别元件的性质、传感器的类型以及生物量传感器的工作环境等因素。除了上述目的外，降低非特异性吸附、反应等导致的检测噪声，也是生物材料固定化的重要目的之一。因此，生物材料在传感器器件表面的固定化被看作是生物量传感器设计与研究中最关键的技术。

一般来说，生物识别元件和转换元件可通过图 4-3 所示的脂膜包埋（membrane embedding）、物理吸附（physical adsorption）、基质吸附（matrix adsorption）及共价结合（covalent bonding）等途径进行耦合。脂膜包埋通常采用一个半透膜对生物识别元件与被分析物进行隔离，而转换元件则与识别元件紧密贴近。物理吸附依赖于范德华力（van der Waals force）、疏水作用力（hydrophobic force）、氢键（hydrogen bond）及离子作用力（ionic force）将生物材料贴附在传感器表面。基质吸附往往采用多孔材料在生物材料四周形成孔内镶嵌基质，并将其与传感器连接。共价结合则是利用可供生物材料连接的活性基团对传感器表面进行修饰，最终通过共价结合的方式将其固定在传感器表面。

上述几种生物识别元件和转换元件的耦合方式是对所有生物传感器类型的固定化技术的概括和简单示意，具体到各种不同的传感器类型或不同的传感器表面材料，则可能需要采用不同的固定技术。例如，在传统的酶传感器研究中，夹心法、吸附法、包埋法、共价交联法等不同固定化方法已经建立；而在核酸传感器、免疫传感器的研究中，针对 DNA、抗原、抗体的分子自组装技术近年来得到了快速的发展；细胞和组织传感器的研究，则完全依赖于细胞的体外培养模式，尤其注重细胞在微器件表面的良好贴壁生长。

不同传感器类型的生物材料固定化技术将在后文进行介绍。其中，以酶的固定化技术最为详细，其他传感器类型则根据需要进行补充与说明。

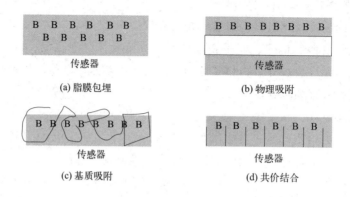

图 4-3　生物传感器的生物识别元件和转换元件的耦合方式

（3）生物传感器的主要特性

生物传感器的主要特性包括特异性、敏感性、稳定性、重复性等。

① 特异性与敏感性。特异性（specificity）和敏感性（sensitivity）是现有生物传感器具有的两个最重要的基本特性。传感器的特异性主要取决于生物识别元件的特性，这是因为生物识别元件直接地同被分析物进行生物化学作用。敏感性则同时取决于生物识别元件及后续的转换元件，因为任何一个生物传感器都应该包含一个有效的生物分子-待检测物反应和紧接着的一个高效信号转换的元件，两者之间紧密结合。

与化学量传感器等其他传感器相比，生物量传感器具有一个独特的优点，即生物优化的分子识别使得生物量传感器通常都具有非常显著的特异性。例如，在抗原-抗体反应中，抗原是指能刺激人或动物机体产生相应抗体的物质，抗体可以以极高的特异性识别并结合到抗原上。目前实现的生物量传感器所具有的特异性程度，以及在大多数情况下的测量敏感性，均远高于几乎所有的化学量传感器。

② 稳定性与重复性。生物量传感器在通过复杂生物分子实现良好特异性及敏感性的同时，也导致了其不稳定性。如何有效保持这些物质的生物活性？可以通过很多方案来限制或修饰生物识别元件的结构，以延长它们的寿命，保持其生物活性。所以，稳定性（stability）也是生物量传感器设计中的一个重要问题，这将会直接影响到传感器的输出稳定性，以及检测结果的重复性（repeatability）。

4.1.3　生物量传感器的分类

生物识别元件是生物量传感器技术的关键，是传感器中负责对目标分析物进行识别的系统。生物识别元件是利用生化机制进行识别的分子物种，它们负责将被分析物捕获到传感器表面并对目标分析物进行检测甚至定量。生物量传感器中常用的生物识别元件通常可分为酶、抗体/抗原、核酸/DNA、细胞结构/细胞。生物量传感器中常见的生物识别元件基于酶相互作用、抗体-抗原相互作用、核酸相互作用、细胞相互作用（即微生物的相互作用）。

（1）酶与酶传感器

酶因其良好的结合能力和催化活性而常被用作生物识别元件，在生物量传感器中应用广泛。大部分的酶都是蛋白质，只有一小部分是核酸。有些酶的活性仅依赖于它们的氨基酸组成及排列顺序，而有些酶的活性需要依赖辅助因子。辅助因子可以是 Fe^{2+}、Mg^{2+}、Mn^{2+}、Zn^{2+} 等一种或多种无机离子，也可以是更复杂的有机或有机金属分子组成的辅酶。与传统的生物量传感器相比，基于酶的生物量传感器中由于酶引入了特定的催化反应放大信号可促使检测下限大幅下降。酶的催化活性取决于自身蛋白质构象的完整性，如果酶变性，即空间结构被破坏分解成亚基或氨基酸，其催化活性就会被破坏。与一般化学催化剂基本相同，酶催化也是先和反应物结合形成络合物，使底物分子变为活化分子，通过降低反应活化能来提高反应速率的。酶的选择性依赖于其活性中心进而定向与底物结合。其催化特异性分为绝对特异性、相对特异性和立体异构特异性，由酶催化反应的种类所决定。同时，当配体与受体结合时，酶的活性可以被调节，即具有可调节性，如别构调节、共价修饰调节、诱导调节等。酶的活性通过酶级联而大大增强，从而激活细胞内信号通路，引发一系列下游反应。

酶作为一种天然的蛋白质，可催化特定的底物分子生成产物且不会在反应中被消耗，因此常被选作传感器中的生物识别元件。与化学反应相比，酶具有高度选择性和敏感性，与其他生物识别元件相比，酶具有较好的催化作用，并且可以与不同的转换机制结合使用。酶作生物识别元件时，其工作机制包括：①将被分析物转化为传感器可检测的物质；②检测作为酶抑制剂或激活剂的被分析物；③评估与被分析物相互作用后，酶性质的改变。

（2）抗体与免疫传感器

抗体是生物量传感器中常见的一类生物识别元件，抗体是由免疫系统产生的蛋白质，是防御细菌或病毒入侵防御机制的重要组成部分，抗体通过氢键和其他非共价作用与混合物中的特定物质（抗原）产生特异性识别与结合。通过给实验动物接种靶蛋白（抗原）促使动物发生免疫反应产生针对该抗原的抗体，然后对抗体进行分离纯化，即可获得大量特异性的目标抗体。目前，小鼠、大鼠、兔子和更大的动物，如绵羊或美洲驼等，均可用来扩增目标抗体。因此，使用抗体作为生物量传感器中的识别元件，其最主要优点是开发选择性抗体的目标基础广泛。

根据抗体的特异性和合成方式，抗体被分为"多克隆""单克隆""重组"抗体。抗体是一种 Y 型免疫球蛋白，大多情况下由两条重链和两条轻链组成。有时，蛋白质中的二硫键以及 J 链（J-chain）的存在可促使抗体形成二聚体和五聚体结构。抗体中的重链和轻链由恒定和可变部分组成，可变部分与相应的抗原结合，具有高度特异性和选择性。此外，抗体对相应抗原的特异性取决于存在抗体可变区的氨基酸的种类和排列顺序。因此，由作为生物识别元件并能与相应抗原结合的抗体可组成免疫传感器。

（3）核酸与 DNA 生物传感器

DNA 存在于所有活细胞中，其携带有合成 RNA 和蛋白质所必需的遗传信息，是生物体发育和正常生命活动必不可少的生物大分子，它是由脱氧核苷酸组成的大分子聚合物。脱氧核苷酸中四种脱氧核糖核苷酸（dATP、dTTP、dGTP 和 dCTP）的数量和排列顺序，构成了生物体的遗传信息。RNA 是由核糖核苷酸组成的大分子聚合物，其核糖核苷酸也分为四种（ATP、UTP、GTP 和 CTP）。RNA 分子量小、种类繁多、在生物体内功能复杂。信使 RNA（messenger RNA，mRNA）在蛋白质合成过程中负责传递遗传信息、直接指导蛋白质合成；转运 RNA（transfer RNA，tRNA）在蛋白质合成过程中负责转运氨基酸、解读 mRNA 遗传密码；核糖体 RNA（ribosomal RNA，rRNA）与核糖体蛋白构成核糖体，负责将 RNA 翻译成蛋白质。

DNA 与 RNA 在碱基种类上存在不同却仍可以进行碱基配对，在 RNA 中尿嘧啶代替了胸腺嘧啶，都可以与腺嘌呤完成碱基互补配对，因此双链结构的 DNA 可以与单链的 RNA 之间进行转录与反转录。

核酸传感器通常是将一条寡核苷酸链固定到合适的基底表面/换能器（即表面等离子体共振芯片、电极、石英晶体微天平等）上，并暴露于含有目标寡核苷酸链的溶液中。换能器表面固定的寡核苷酸会与目标寡核苷酸之间进行碱基互补配对，固定在表面的链与在溶液中的链可以进行特异性结合。

（4）微生物与细胞传感器

微生物传感器是一种将微生物固定在传感器上以检测目标分析物的分析装置，细菌和真菌等微生物可用作生物识别元件，以检测特定分子或环境的整体"状态"。与基于酶的生物量传感器相比，微生物传感器不需要纯化，既省时又经济。微生物活细胞可产生一种起催化作用的蛋白质——微生物酶，它能对被分析物产生特异性识别。细胞中存在的其他特异性蛋白质也可用作检测特定分析物的生物识别元件。微生物已与多种换能器（例如电流表、电位差计、量热计、电导计、比色计、光度计和荧光计）结合，以构建微生物传感器。

在微生物传感器中，微生物作为生物识别元件的使用是基于对其代谢的测定，常常伴随着氧气或二氧化碳的消耗，并通过电化学测量。将微生物固定到传感器上是实现可靠微生物传感器的基本要求，其不仅决定了从微生物传输到换能器的信号质量，还决定了微生物传感器的重复性。微生物传感器的出现是酶传感器发展的延伸，微生物传感器和酶传感器的信号产生机制是相似的，微生物细胞被视为酶袋。在微生物传感器中，被分析物进入细胞并利用细胞内的酶进行转化，底物被消耗，并且产生了同样具有电化学活性的反应产物。固定的细胞层中的氧含量、介质离子组成以及其他参数的变化记录可作为细胞代谢状态的指标和生物活性化合物电化学测定的依据。

4.1.4　生物量传感器的应用

作为一个发展迅速的交叉学科，生物量传感器技术已成为生物技术发展中不可或缺的一种检测、分析和监控技术，也是实现快速微量分析的一种有效分析手段。生物量传感器具有许多优点：

① 快速或实时分析。直接生物量传感器，如表面等离子激原共振生物传感器可实现快速或实时无标记检测，并提供几乎即时的样品信息。

② 即时检测。生物量传感器可用于即时检测，例如，比色、光热等传感器无需专门的实验室即可进行疾病标志物的即时检测。

③ 小型化。越来越多的生物量传感器被小型化，集成到各种应用设备中，包括临床护理、食品分析、农业和环境监测，以及各种疾病和身体状况的体内检测。

④ 控制和自动化。生物量传感器可以集成到在线过程的监控方案中，可以在每个过程中的多个时间点提供有关多个参数的实时信息，从而更好地控制生化设施。

在未来的经济发展中，生物量传感器在临床诊断、农业、环境监测、食品质量检测、药物研发、器械修复等方面具有广泛的应用前景（图 4-4）。

图 4-4　生物量传感器的应用示意图

但是生物量传感器批量生产工艺尚待建立，还需在实践中研究解决。目前生物量传感器普遍存在的问题主要有：敏感膜上生物分子的固定量以及固定分子的活性都较难控制，导致传感器使用的一致性较差；生物分子的活性保持受到许多因素的影响，如温度、污染等，导致生物量传感器使用寿命不长；生物敏感膜的制备工艺复杂，成品率不高；测定环境要求严格。

4.2　酶传感器

酶传感器是将酶作为生物识别元件，通过各种物理、化学信号转换元件捕捉目标物与识别元件之间的反应所产生的与目标物浓度成比例的可测信号，实现对目标物定量测定的分析仪器。与传统分析方法相比，酶传感器由固定化的生物敏感膜和与之密切结合的换能系统组成，它把固化酶和电化学式传感器结合在一起。因其独有的优点，酶传感器在生物传感器领域中占有非常重要的地位。本节将从酶的生物特性、酶的固定化技术、酶传感器的反应机理和发展历程等方面进行介绍。

4.2.1　酶的生物特性

酶（enzyme）是生物体内具有催化作用的一种蛋白质或核糖核酸，它在催化过程中能大幅降低反应活化能，减小反应阈能，提高生化物质即底物（substrate）的反应速率。

相比于化学催化剂，酶的催化作用具有更高的专一性。当酶与底物分子接近时，受底物分子的诱导，其构象会发生有利于底物结合的变化，这种诱导契合的作用方式正体现了酶作用的专一性。酶与底物反应形成的酶底物分子复合物，在一定条件下重新生成新的产物，同时释放酶。此外，酶在反应中具有高度特异性（选择性），这是酶传感器研制的生物学基础。

4.2.2 酶的固定化技术

酶传感器（enzyme biosensor）的敏感性主要由酶-底物复合物的产生过程及后续转化过程中的最大亲和力所决定。因此，酶的固定是该类传感器研制的关键环节。酶固定化的研究目前已有很大进展，主要包括基于载体的酶固定化技术、无载体的酶固定化技术和酶的定向固定化技术。

制备酶传感器，其关键技术之一就是将具有生物活性的酶稳定、高效地固定在换能器表面。因此，酶的固定化技术是限制酶传感器的选择性、稳定性、灵敏性和重现性的关键因素之一，同时也决定了酶传感器是否具有研究和应用价值。酶固定化技术就是要提供一种不破坏酶的活性位点或剧烈改变酶的构象的环境，使目标分析物与电极表面紧密接触，建立起酶活性位点和电极表面之间的有效电子通道。

（1）基于载体的酶固定化技术

载体分为传统载体和新型载体两类。传统载体的酶固定化技术包括物理吸附法、包埋法、共价键合法、共价交联法，如图4-5所示。

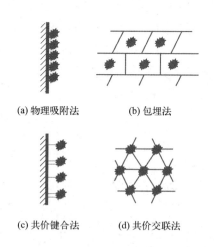

(a) 物理吸附法　　(b) 包埋法

(c) 共价键合法　　(d) 共价交联法

图4-5　传统载体的酶固定化技术

① 物理吸附法。是一种可逆的酶固定化方法，它将生物识别元件通过物理吸附作用力固定到修饰电极的表面，吸附作用力包括静电吸附作用力、范德华力、疏水作用力和氢键等。物理吸附法操作简单、不需要化学试剂、条件温和，而且可以保持生物识别元件较高的生物活性，是一种最简单的酶固定化方法。但是由于该方法的生物分子与修饰电极之

间的结合力较弱，生物分子容易暴露和脱落，所以常常要结合其他固定方法如共价交联法一起使用。

② 包埋法。是一种不可逆的酶固定化方法，它是通过将酶包埋在载体或纤维内部以及材料的晶格结构或聚合膜中，从而实现酶的有效固定的一种物理固定方法。以下几种方法是比较常用的包埋法。

a. 聚合物膜包埋法。把酶和合成高分子如生物分子（如蚕丝蛋白）或全氟磺酸离子交换树脂（nafion-H）进行混合从而实现酶的固定的方法。聚合物膜包埋法可以防止酶的流失，减少其他物质的干扰。

b. 溶胶-凝胶包埋法。将无机或有机化合物通过溶液、溶胶、凝胶固化，从而将酶固定到电极上的方法。溶胶-凝胶包埋法的处理温度较低、均匀性强、对酶的活性影响小且反应条件易控制，因而被广泛应用于酶的固定。

c. 电聚合物膜包埋法。把酶与聚合物单体在电解池内进行混合，然后通电，单体会在电极表面发生聚合而形成膜，同时能够把酶包埋在聚合物膜内，从而使酶直接固定到电极表面。

d. 碳糊固定法。通过把导电性碳粉与黏液（如医用润滑油、石蜡油、环氧树脂等）按一定的比例和酶进行混合，得到均匀的碳糊；再把碳糊填充到聚氯乙烯（PVC）管中制得碳糊电极。碳糊固定法表面容易更新且操作简单、成本较低。

包埋法的酶不会和聚合物发生作用，酶浸出率低，而且能够改善机械稳定性，保持较高的酶活性，因此在酶的固定化中得到了广泛的应用。但是该方法在固定过程中没有共价键，可能会导致生物组分暴露。

③ 共价键合法。目前使用最广泛的一种酶固定化方法，它是通过载体的功能基团和酶的侧链基团之间的共价键合作用，将酶修饰到电极表面的一种不可逆固定化方法。共价键合法对实验条件要求比较严格，其共价键合反应一般需要在生理 pH、低温和低离子强度的条件下发生。共价键合法的固定化过程一般包括三个步骤：基底电极表面的活化、酶的偶联和去除键合疏松的酶。偶联试剂和生物组分的特性决定了共价键合法固定化过程所需的实验条件。共价键合法的修饰物和被修饰电极之间的作用力较强，使得该方法制备的传感器性能稳定，生物组分不易脱落和暴露。但是为了保持酶的原有活性，一般会要求酶的非活性中心基团和修饰材料之间进行共价偶联。此外，由于该方法是利用的共价键合反应，酶的活性损失比较严重，而且操作复杂、实验条件要求苛刻，成本也相对较高。

④ 共价交联法。一种不可逆的酶固定化方法，它是指酶分子之间以及酶分子和载体之间通过交联剂（具有两个或两个以上功能基团的试剂）的作用交联形成网状结构，从而使酶有效地固定在电极表面。戊二醛是最常用的交联试剂，其他常用的交联剂还有单宁酸、双重氮联苯胺、2,4-二异氰酸酯、氯甲酸乙酯等。酶分子中参与交联反应的基团主要有—SH、—NH$_2$、酚羟基、咪唑基等。戊二醛固定酶的反应式如下：

$$载体—NH_2+OHC—(CH_2)_3—CHO+NH_2—酶— \longrightarrow$$
$$载体—NH—CH(OH)—(CH_2)_3—CH(OH)—NH—酶 \tag{4-1}$$

共价交联法过程简单、成本较低、酶的固定化效率高，而且由于该固定化方法的分子之间具有较强的化学键合作用，因此生物组分不易脱落或者暴露，固定的酶可以长时间使用。但是该方法的反应条件（如实验温度、溶液 pH 值、离子强度和交联反应所需时间等）难以确定，交联剂的使用量和形成的交联膜的厚度会对传感器的性能（如响应信号、响应时间和酶分子活性等）有一定的影响。

（2）无载体的酶固定化技术

利用载体进行酶固定时，聚合物载体的存在大大降低了酶与大分子底物的结合程度与反应能力。而对无载体的酶进行固定时受底物影响小，酶具有较高的催化活性和催化比表面积，比有载体固定化酶的活性高 10～1000 倍；对高温等极端条件或有机溶剂的耐受性强，稳定性好，占用空间小，可补充更多的酶。因此，无载体的酶固定化技术目前引起了研究者的广泛关注。

4.2.3 酶传感器的反应机理和发展历程

酶生物传感器以电化学传感器为基础。此类传感器以生物酶作为敏感材料、电化学传感器作为转换元件，通过在传感器上特定的氧化还原反应，在待测溶液、电极组成的回路中产生电信号，通过采集、处理此电信号对待测溶液中的待测物浓度进行定性、定量的分析。下面将以酶葡萄糖传感器的发展历程为例，介绍酶传感器的检测原理。

最常用的酶葡萄糖传感器以电化学分析和测定技术作为研究的基础，通过测定溶液中的葡萄糖在发生化学反应时所产生的电信号的变化，采用循环伏安法（cyclic voltammetry）、计时电流法（chronoamperometry）、微分脉冲伏安法（differential pulse voltammetry）等方法实现对葡萄糖浓度的检测。酶葡萄糖传感器包括电流型和电位型酶葡萄糖传感器两种。

以电流型酶葡萄糖传感器为例，它通过测定发生氧化还原反应时电极上产生的电流值的变化来实现对葡萄糖浓度的检测。输出电流的大小直接与葡萄糖浓度成比例。电流型酶葡萄糖传感器所要解决的中心问题就是如何将电子从酶的反应中心快速转移到电极表面以形成响应电流。葡糖氧化酶（GOD）的氧化还原中心位于酶分子内部，这种结构阻碍了酶的活性中心与电极表面之间的电子迁移，不利于辅酶 FAD 的有效循环。因此，提高酶的生物活性中心与电极表面之间的电子传输速率，实现酶与电极表面间的直接电子传递是如今构建性能优良的电流型酶葡萄糖传感器的主要研究方向。

自 1967 年 Updike 和 Hicks 制备出第一支葡萄糖酶生物传感器到现在，人们对酶葡萄糖传感器的研究已经有 50 多年。电流型酶葡萄糖传感器的发展历程大致可以分为下面的三个阶段。

（1）第一代酶葡萄糖传感器

这一时期主要集中在 20 世纪的 60～70 年代。第一代电流型酶葡萄糖传感器也被称为传统的酶葡萄糖电极，这一时期的酶葡萄糖电极一般是把酶和一些物质混合成膜，然后将半透膜固定到电极表面而制成的。传统的酶葡萄糖传感器是以溶液中溶解 O_2 作为中间媒介体。其反应机理是：葡萄糖首先在电极表面被 GOD（FAD）氧化为葡萄糖酸，GOD（FAD）被还原成 GOD（$FADH_2$）；接着是在天然 O_2 分子的存在下，还原得到的 GOD（$FADH_2$）被 O_2 分子氧化为 GOD（FAD），而 O_2 分子自身被还原成 H_2O_2［图 4-6（a）］。

因此，可以通过测定在这种情况下 O_2 的消耗量或者 H_2O_2 增加量确定溶液中葡萄糖的含量。反应如下：

$$葡萄糖＋GOD(FAD) \longrightarrow 葡萄糖酸＋GOD(FADH_2) \tag{4-2}$$

$$GOD(FADH_2)＋O_2 \longrightarrow GOD(FAD)＋H_2O_2 \tag{4-3}$$

$$H_2O_2 \longrightarrow O_2＋2H^+＋2e^- \tag{4-4}$$

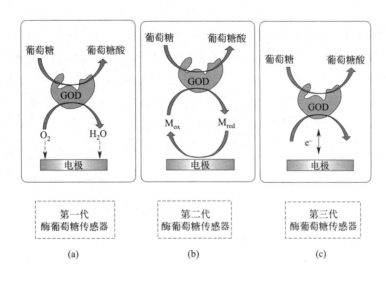

图 4-6　电流型酶葡萄糖传感器的电子传输示意图

第一代酶葡萄糖传感器制备比较简单，但存在着一些缺点。

① 背景电流大。能成膜的物质一般都是不导电的高分子聚合物，而它们的存在使得传感器的导电性差，背景电流增加。

② 响应特性差。不导电的成膜物质会影响酶的活性中心 GOD（FAD）与电极表面之间的电子传输，从而影响其响应时间，而且作为中间媒介体的溶解 O_2 的溶解度有限，从而影响传感器的线性范围和检出限。

③ 受大气中 O_2 分压影响。当环境中 O_2 分压不同时，溶液中溶解 O_2 的浓度会不同，从而会对测定的准确度造成影响。

④ 抗干扰能力差。测定需要在较高的工作电位下进行，因此共存的电活性物质（如多巴胺、尿酸、抗坏血酸等）对测定造成很大的干扰。

（2）第二代酶葡萄糖传感器

为了克服第一代酶葡萄糖传感器的不足，出现了第二代酶葡萄糖传感器，也称为介体酶电极。这一时期主要集中在 20 世纪的 70 年代末期到 80 年代末期。介体酶电极是用一些电子媒介体（mediator，简写为 M）替代溶液中溶解 O_2 作为反应的中间媒介体，其响应机理如图 4-6(b) 所示。这些电子媒介体能够在酶的活性中心（FAD）和工作电极表面进行快速的电子传递，加速了电极反应，缩短了响应时间，摆脱了传统酶葡萄糖电极对溶解 O_2 的依赖且有效地降低了工作电位，在低的工作电位下可以有效防止电活性物质对测定产生的干扰。性能优良的电子媒介体应该具备的条件：可以稳定存在的氧化态（M_{ox}）

和还原态（M_{red}），并且氧化、还原态在电极表面应该是可逆或者准可逆的；发生电极反应时的氧化还原电位较低；能快速地在酶（FAD）与电极之间进行电子交换。其具体反应如下：

$$葡萄糖＋GOD(FAD) \longrightarrow 葡萄糖酸＋GOD(FADH_2) \tag{4-5}$$

$$GOD(FADH_2)＋M_{ox} \longrightarrow GOD(FAD)＋M_{red} \tag{4-6}$$

$$M_{red} \longrightarrow M_{ox}＋e^- \tag{4-7}$$

最常见的电子媒介体有：二茂铁及其衍生物、有机染料、四硫富瓦烯、铁氰化钾、金属单质粉末、醌类、高分子媒介体、纳米材料等。在介体型酶葡萄糖传感器的研究中，媒介体可以直接放在测试底液中，但这种方法会对电极和测试样品造成不必要的污染，不利于电极的重复利用，也会影响测定的准确性。还可以将 M 直接修饰到电极表面，这种方法成为第二代酶葡萄糖传感器的主要研究和发展方向。

传统的 M 大多以单体的形式存在着，但 M 分子量低、易溶于水，使得固定在电极表面的 M 很容易从电极表面渗漏到测试底液当中，从而造成电流信号的降低，对传感器的稳定性和灵敏度造成影响。为了解决电子媒介体渗漏的这一问题，近年来，将电子媒介体 M 与具有生物相容性的聚合物共同固载到电极表面的研究取得很大的进展。

第二代酶葡萄糖传感器当用于体内测试时，媒介体渗漏和毒性会导致产生严重的副作用，因而限制了其在体内的使用。

（3）第三代酶葡萄糖传感器

20 世纪 90 年代，出现了第三代酶葡萄糖传感器。第三代酶葡萄糖传感器与第一代和第二代相比，摆脱了对动态媒介体（O_2 或 M）的依赖，即不需要 O_2 或电子媒介体 M 作为电子受体而直接在葡糖氧化酶与电极表面进行电子的传输，其机理示意图见图 4-6(c)。

从某种理论上来说，葡糖氧化酶与电极之间的直接电子传递过程与葡萄糖在生物体内被氧化还原的原始系统模式更加接近。因而，研究者们致力于寻找更加有效的方法、手段和性能更优异的材料，实现葡萄糖的直接电子转移，以满足科学发展的需要。第三代酶葡萄糖传感器一般不需要固化载体，而是通过将酶共价键合或者将酶固定到纳米材料中的方式直接修饰到电极上，这使得 GOD 的氧化还原活性中心（FAD）与电极更加接近，从而相对容易地在 FAD 和电极表面进行直接电子传递，缩短了传感器的响应时间，提高了传感器灵敏度，真正实现了葡糖氧化酶对葡萄糖的高效、专一的催化作用。固载葡糖氧化酶的常见材料有：有机导电复合材料膜、金属纳米材料、有机导电聚合物膜、金属和非金属纳米复合材料等。近年来，纳米材料的引入为发展第三代酶葡萄糖传感器带来了新契机，由各种纳米材料构筑的直接电子转移的酶葡萄糖传感器已经成为如今研究的热门。

4.3 DNA 生物传感器

近年来，随着传感器技术的发展，生物量传感器已经成为获取生物信息不可或缺的技术，而生物量传感器由于具有高灵敏度和高选择性，关于它的优化检测方法的研究也越来越受到大家的关注。其中 DNA 生物传感器更是被广泛地运用于基因诊断、环境监测、药物研究等领域。本节将从 DNA 生物传感器的生物学基础、DNA 探针的固定化技术、核酸探针的分类等方面进行介绍。

4.3.1　DNA 生物传感器的生物学基础

DNA 生物传感器的识别机制涉及脱氧核糖核酸（DNA）或者核糖核酸（RNA）的基因杂交。核酸（DNA、RNA）是生物体中最基本的遗传物质，也是遗传信息复制、传递和储存的重要基础。近二十年来，以核酸作为生物识别元件的生物量传感器和生物芯片（biochip）技术颇受人们的关注。腺嘌呤与胸腺嘧啶（A 与 T）和胞嘧啶与鸟嘌呤（C 与 G）在 DNA 中的互补配对是 DNA 生物传感器特异性识别的基础，此类传感器也经常被称为基因传感器（genesensor）。如果某一段 DNA 分子序列的组成已知，则先将双链 DNA（double stranded DNA，dsDNA）分解成单链 DNA（single stranded DNA，ssD-NA），然后将其作为探针（probe）固定在电极表面，按照碱基互补配对原则与探针 DNA 分子互补的序列杂交，其杂交过程及其产生的变化可以通过传感器转换成便于记录、分析的电信号、光信号或者声音等物理信号。

通过近年来的快速发展，DNA 生物传感器实际已经超出了必须借助 DNA 分子杂交才能对特定 DNA 序列（目的基因）进行检测的范围，它还可用于 DNA 的其他检测，如检测 DNA 存在与否、含量多少及片段大小；DNA 分子的理化特性研究在电化学上甚至可用于研究某些药物（如抗癌药物、致癌剂等）与 DNA 的相互作用，或用于诱变剂的筛选与检测等。

4.3.2　DNA 探针的固定化技术

在确定探针种类之后，生物传感器表面的探针固定化则成为影响传感器整体性能的重要指标。一般来说，核酸固定在固体表面上，只有当它们与特定目标分子反应时，才能获得信号。DNA 探针是以病原微生物 DNA 或 RNA 的特异性片段为模板，人工合成的带有放射性核素或生物素标记的单链 DNA 片段。单链 DNA 探针的固定是 DNA 生物传感器制备中的首要问题，探针的固化量和活性将直接影响传感器的灵敏度。为了使 DNA 探针能够比较牢固地固定在电极表面，往往需要借助于有效的物理、化学方法。就目前研究的DNA 固定法而言，除了前文酶传感器中介绍的生物识别元件最常用的几种固定法之外，利用导电化合物在电极表面的电聚合作用，即电聚合法也可用于 DNA 探针的固定。

4.3.3　核酸探针的分类

核酸探针因其可编程特性而备受青睐，这一特性已在生物工程技术、化学合成技术、纳米技术等多个领域取得重大进展。通过化学或酶促反应，寡核苷酸（ONT）可以以相对较低的成本在不同长度范围内（$1\sim10^6$ nt）进行合成。重要的是，这些作为生物聚合物的探针具有生物相容性且绿色无毒。总而言之，这些特性使得核酸作为探针特别有吸引力。

电化学核酸传感平台由固定在传感表面上用于捕获目标的捕获探针和带有电化学标签

用于信号产生的信号探针组成。在核酸检测中，通过优化杂交条件、提高杂交效率，可以获得良好的检测灵敏度。高特异性检测依赖于特异性探针的设计和传感表面上非特异性结合的消除。在这种情况下，新型核酸探针的设计被认为是提高检测灵敏度的有效方法。如图 4-7 所示，基于核酸的探针可大致分为三类：基于杂交的探针、基于适配体的探针和基于脱氧核糖核酶的探针。

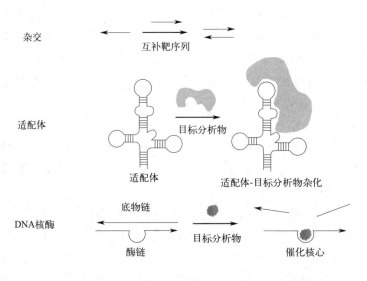

图 4-7　基于核酸的探针类型

（1）基于杂交的核酸探针

基于杂交的探针是通过利用 Watson-Crick 碱基配对来检测互补序列而设计的。因此，这些探针用于检测核酸，包括 DNA、mRNA 和非编码 RNA。除了常见的线性 DNA 核酸探针外，目前用于为临床相关生物分子制备核酸传感器的识别元件包括发夹 DNA、四面体 DNA、肽核酸、锁核酸和吗啉核酸（MO）。

① 发夹 DNA 探针。核酸由于其易于化学合成和功能修饰、碱基配对的特异性以及分子间或分子内相互作用的可预测性，是具有前途的分子探针。发夹 DNA 探针是最通用的核酸探针之一，已被广泛用于水/均相系统和基于固态的生物量传感器的构建。发夹 DNA 探针是一种单链 DNA，因其末端的互补序列而呈现茎-环结构[图 4-8(a)]。在一种用于测量材料性质并对其进行检测的传感系统中，发夹 DNA 通常在其两端标记有两种光致发光物质（供/受体），用于在结构变化后产生信号。这种标记的发夹 DNA 探针被称为分子信标[图 4-8(b)]。分子信标由 Tyagi 和 Kramer 在 1996 年首次报道。分子信标的茎部分使供体染料（通常称为荧光团 F）和受体染料（荧光猝灭剂 Q）非常接近，在没有靶标的情况下，通过有效猝灭确保低背景信号供体的荧光发射。环部区域专门设计为与目标序列互补。在存在靶标的情况下，靶标与分子信标的环杂交并打开分子信标的发夹结构，导致荧光团（供体）和猝灭剂（受体）分离，从而恢复荧光信号[图 4-8(c)]。通常，分子信标探针可以被视为一种简单的生物量传感器，其依赖于被分析物的存在方式在两种不同的信号构象（关闭和打开状态）之间切换。添加分析物后产生的光信号与分析物的量成正比，这

构成了基于分子信标的检测方法的基础。由于其特殊的结构，发夹 DNA 探针表现出一些独有的特征（例如，单基不匹配的区分能力、高灵敏度的固有信号转导机制，以及在不分离杂交和非杂交探针的情况下检测目标杂交的能力）。因此，使用发夹 DNA 探针比使用传统探针检测特定基因靶点的特异性更好。

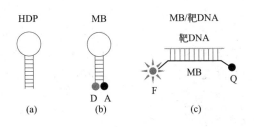

图 4-8　发夹探针和基本检测机制图

A—受体染料；D—供体染料；F—荧光团；Q—猝灭剂

分子信标就像一个开关，当探测器遇到目标 DNA 分子时，分子信标会经历自发的构象重组，迫使茎分离，从而恢复荧光信号。分子信标由于固有的荧光信号转导机制，作为灵敏探针发挥作用时具有高信号背景比和高特异性，可用于 DNA、RNA 和蛋白质研究中的实时监测。在分子信标研究初期，研究大多数都在光学检测、毛细管电泳和原子力显微镜等平台上进行。然而，这些方法耗时耗力、成本高，不适于常规和快速医疗分析。因此，有人开发出一种通过电化学测量研究发夹 DNA 探针的杂交特异性的方法。与光学设备相比，电化学设备具有小型化、简单、快速和廉价等优势。

② DNA 四面体探针。传统的基于核酸的生物传感器通常将单链 DNA 探针固定在电极表面，特异性靶标识别会引起 DNA 探针的变构构象变化，从而触发电化学信号的变化。单链 DNA 的灵活性使其难以控制电极表面上探针的密度和方向，这可能会严重影响捕获探针与靶标之间的杂交效率。为了克服这个缺点，有研究报道了一种基于四面体 DNA 结构构建 DNA 探针的策略。与传统的 ssDNA 探针相比，四面体 DNA 探针具有以下几个方面的优势：第一，DNA 四面体的三个巯基修饰顶点可以很容易地锚定在电极表面，大大提高了探针在电极表面的结合稳定性；第二，整个结构具有刚性骨架，保证了 DNA 四面体第四个顶点上修饰的核酸探针能够很好地定向，避免两个探针之间的纠缠；第三，DNA 四面体表面的修饰对电极有很好的钝化作用，可以防止小分子的非特异性吸附。考虑到探针之间的横向间距也是影响传感器效率的重要因素之一，设计了茎长为 2.4～12.6nm 的 DNA 四面体来调节探针的距离。这项研究为开发更灵敏的生物量传感器提供了新的方向。

通过将基于 DNA 四面体结构构建的功能性核酸探针锚定在电极表面，成功开发出针对小分子、离子、外泌体和细胞的多功能电化学传感平台。有相关研究使用四面体 DNA 纳米结构和杂交链式反应扩增来检测 DNA 甲基化。DNA 四面体的三个顶点用巯基基团修饰并通过形成金-巯键锚定在金电极表面。四面体的第四个顶点具有一个茎-环捕获探针，可以与目标 DNA 杂交，当遇到被甲基化的目标序列时，生物素标记的发夹

DNA 的杂交链式反应就会启动。在高度特异性的生物素-抗生物素蛋白相互作用下，多个辣根过氧化物酶被锚定在电极表面，继而催化氧化还原反应并提供可区分的电化学信号。

（2）基于适配体的核酸探针

适配体是寡核苷酸序列，可以通过设计与任何感兴趣的目标结合。这些寡核苷酸是通过称为指数富集的配体系统进化技术（SELEX）产生的。适配体是抗体的核酸类似物，最近的研究表明，它们的性能（在结合亲和力、检测限方面）在一些应用当中以更低的成本和更高的稳定性与抗体相媲美。迄今为止，已针对从离子、小分子、蛋白质到全细胞的100 多种不同靶标生成了 500 多种适配体。

（3）基于脱氧核酶的核酸探针

脱氧核酶是可以催化化学反应的合成 DNA，但是迄今为止，天然存在的脱氧核酶仍未被鉴定出。脱氧核酶是通过 SELEX 筛选包含 1015 个不同序列的大型寡核苷酸文库获得的。这些序列可以进化为长单链寡核苷酸以结合特定底物并随后催化化学反应，然后单链寡核苷酸会被转化为双链催化剂，其中一条链（底物链）由单个核糖核苷酸组成，另一条链（酶链）则包含催化核心。这两条链通过核糖核苷酸/催化核心两侧的互补结合臂杂交在一起。通常在特定金属离子的存在下，核糖核苷酸可以被催化裂解。脱氧核酶已被用于检测多种金属，最近的工作集中在检测其他被分析物，例如 RNA。

4.3.4 DNA 生物传感器的原理及分类

近些年，利用 DNA 来构建传感器的研究发展迅速，研究手段多样，主要包括电化学、光学和声学等。利用 DNA 构建的生物量传感器一般由两部分组成：生物识别元件和换能器。测定原理：待测物扩散进入电极敏感膜层，经生物识别元件发生反应，产生的信息被相应的换能器转换成可定量的各种信号，再经放大器放大输出，便可检测待测物的浓度及有关信息。依据换能器转换方式的不同，DNA 生物传感器大概可以分为三类：压电 DNA 生物传感器、光学 DNA 生物传感器、电化学 DNA 生物传感器。

4.3.4.1 压电 DNA 生物传感器

压电生物传感器是生物量传感器的一个重要分支，它利用石英晶体"逆压电效应"来实现检测过程中的换能与传感，通过生物反应过程中传感器表面质量负载发生的微小变化所引起的振荡频率的变化，对传感器表面生物敏感膜发生反应的生物大分子进行分析。这种技术结合了生物分子杂交技术的高特异性和石英晶体微天平（quartz crystal microbalance，QCM）的高灵敏性，具有操作简便、快速、信息直观、易于联机和成本低廉等优势，成为很被看好的新一代生物诊断技术。近些年来，不断有研究者将压电生物传感器用于 DNA 的分析检测，压电石英晶体表面固定的寡核苷酸与靶核苷酸杂交后会引起晶体振荡频率的变化，根据杂交前后晶体振荡频率的变化就可对靶核苷酸进行分析。但是压电DNA 生物传感器需要对寡核苷酸产生的微小质量变化进行频率响应，因而对系统的稳定性要求很高。目前，已有许多压电生物传感器被制作出来，并常用于检测病原微生物，但是，它们的灵敏度离临床检测的要求还有一定距离，并且常局限于单一菌种的检测，因此研究人员创造出了许多提高它们灵敏度的方法。压电 DNA 生物传感器是把声学、电子学和分子生物学结合在一起的新型 DNA 生物传感器，是 DNA 生物传感器研究的一个热点。它的基本原理如图 4-9 所示。

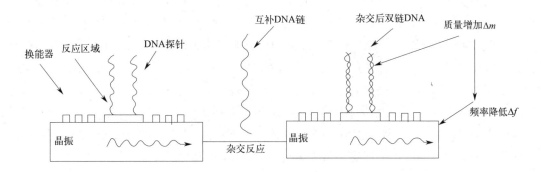

图 4-9　压电 DNA 生物传感器基本原理示意图

换能器在压电介质中激发共振，以振动频率作为检测手段。传感器的表面首先固定单链的 DNA（DNA 探针），然后加入含有互补 DNA 链的待测溶液，进行 DNA 杂交反应。杂交后形成双链 DNA 结构，使传感器表面的质量增加，从而影响晶振的频率。对于压电传感器，其表面的质量增加 Δm 和晶振的频率降低 Δf 存在定量关系：

$$\Delta f = -\frac{k f_0^2 \Delta m}{A}$$

(4-8)

式中，k 是和器件材料有关的常数，对不同的晶体振动模式，k 的具体表达式会有所不同；f_0 是反应前传感器的频率；A 是反应区域的面积；负号表示质量的增加会引起频率的降低。

当前，压电 DNA 生物传感器已经广泛地应用到各个领域，包括药物分析、环境监测、微生物基因诊断、食品卫生监督等，但是该传感器还存在需要改进的地方，比如适宜固定方法的选择、特异性探针的设计、灵敏度的进一步提高、自动化分析系统的构建等。随着传感技术的不断完善，压电 DNA 生物传感器会具有更加广阔的应用前景。

4.3.4.2　光学 DNA 生物传感器

光学 DNA 传感器主要有光纤式、光波导式、表面等离子共振式（SPR）等类型。

光纤 DNA 生物传感器将 ssDNA 探针固定在微米级光导纤维的末端上，然后将若干条固定有 ssDNA 探针的光导纤维合成一束，形成一个微阵列的传感器装置，光纤的另一端通过一个特制的耦合装置耦合到荧光显微镜中。测量时将固定有 ssDNA 探针的光纤一端浸入到荧光标记的靶 DNA 溶液中与靶 DNA 杂交。通过光纤传导，来自荧光显微镜的激光激发荧光标记物产生荧光，所产生的荧光信号仍经过光纤返回到荧光显微镜中，由 CCD 相机接收，获得 DNA 杂交的图谱。

光波导 DNA 生物传感器是在光波导片表面制成 ssDNA 探针阵列，将光波导片与另一片载玻片叠加在一起，中间形成 $175\mu m$ 厚、2.54cm 宽的通道。在此通道中含有生物素标记的 DNA 和抗生物素——硒结合物的溶液与 ssDNA 探针杂交，抗生物素与生物素结合，使硒粒子聚焦在光波导-载玻片表面 ssDNA 探针的杂交部位上。以灯光经狭缝照射光波导边缘，光线在波导内以全反射方式传播，在溶液中距波导载玻片表面 $100\sim300nm$ 形成的隐失波场中产生散射。利用 CCD 相机可记录下散射光信号的图样，经计算机分析处理，可获得 DNA 杂交的图谱。

表面等离子体共振（SPR）式 DNA 生物传感器基于金属膜表面待测物质折射率的变化。一般在棱镜上覆盖一层金属银或金的薄膜，与另一种折射率不同的介质相接触，经 P 偏振处理的光线照射进入棱镜，在金属-棱镜界面形成反射。在某一角度（共振角）测定时，反射光强度最小。共振角对紧靠金属膜外侧的介质折射率的变化非常灵敏。当金属膜表面固定的 DNA 单链探针与溶液中其互补体结合时会引起折射率的改变，折射率上升，从而导致谐振角改变，用光波导将折射率的变化传输给检测器检测。

4.3.4.3　电化学 DNA 生物传感器

（1）电化学 DNA 生物传感器的检测原理

DNA 电化学传感器是利用单链 DNA（ssDNA）作为敏感元件（通过共价键合或化学吸附固定在固体电极表面），加上识别杂交信息的电活性指示剂（称为杂交指示剂）共同构成的检测特定基因的装置，如图 4-10 所示。

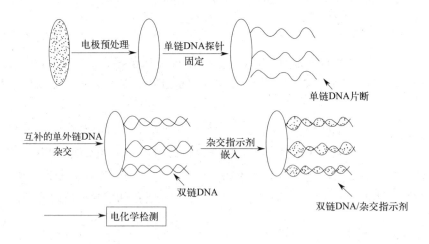

图 4-10　电化学 DNA 生物传感器示意图

其工作原理是利用固定在电极表面的某一特定序列的 ssDNA 与溶液中的互补序列 DNA 的特异识别作用（分子杂交）形成双链 DNA（dsDNA），同时借助一个能识别 ssD-NA 和 dsDNA 的杂交指示剂的电化学响应信号的改变来确定被检测基因是否存在，达到定性的目的。同时，当互补序列 DNA 的浓度发生改变时，指示剂嵌入后的响应信号也会发生相应变化。一定范围内指示剂的响应信号与待测 DNA 物质的量浓度呈线性关系，从而得以检测基因含量，达到定量的目的。

（2）电化学 DNA 生物传感器的分类

电化学 DNA 生物传感器一般先通过物理或化学方法将 DNA 链固定到电极表面上，然后让其发生杂交或损伤反应，并以此反应引起的电化学信号的改变作研究对象，对杂交或损伤反应的机理及结果作定性或定量判断。但是随着电化学式传感器的快速发展，研究人员建立了多种不同的电化学传感体系，其中也不乏一些将 DNA 置于溶液中的研究体系。

根据研究的目的不同，大概可以将电化学 DNA 生物传感器分为三大类：DNA 杂交电化学生物传感器、DNA 损伤电化学生物传感器、基于功能核酸和基因扩增技术的电化学 DNA 生物传感器。DNA 杂交电化学生物传感器主要是测定目标单链 DNA 的含量或序列；DNA 损伤电化学生物传感器主要是检测物质的基因毒性或抗氧化性；基于功能核酸和基因扩增技术的电化学 DNA 生物传感器主要是提高测定的选择性和灵敏度，可测定的物质种类繁多。

① DNA 杂交电化学生物传感器。DNA 杂交电化学生物传感器也称为 DNA 电化学基因识别型传感器，其制备和检测过程包括以下四步。第一步是单链的固定，这是一个有关表面的问题，即要将单链 DNA（ssDNA）探针连接或固定到已活化处理的电极表面，形成修饰电极。第二步是杂交过程，修饰电极放入被测溶液，当互补的目标与之相遇时，它们将在电极表面进行杂交，这一过程中必须控制合适的杂交条件。第三步是杂交的指示，即如何将杂交信息转化为可测定的电化学信号，可以选择合适的电化学指示剂，也可以利用 DNA 本身的电化学活性。第四步是电化学信号的检测，可将电流、电压或电阻作为检测信号，利用这些电信号在杂交前后的变化就可测定样品中目标 DNA 的序列及含量等。

根据电化学信号的来源物质不同，可以将此类传感器分为需要指示剂和无需指示剂两大类。

无需指示剂 DNA 电化学传感器称为非标记型 DNA 电化学传感器，根据杂交前后 DNA 自身碱基的电化学信号的变化而进行测定。由于 DNA 本身的电化学活性很弱，非标记型 DNA 电化学传感器得到的电化学信号并不显著，一般检测的灵敏度都不太高。因此为了更灵敏地测出杂交前后电化学信号的变化，可以借助一些具有电化学活性的杂交指示剂，它们可选择性地与单、双链 DNA 结合。根据杂交前后指示剂的电信号变化与目标 DNA 的含量建立起的线性关系，可以定量检测目标 DNA，这就是标记型 DNA 电化学传感器的工作原理。

② DNA 损伤电化学传感器。DNA 作为遗传信息的载体，在生物体的整个生长过程中，容易受到各种因素（物理、化学、生物等）的影响而损伤，从而影响到 DNA 的复制、转录和翻译，最终导致基因突变、癌症的发生等。因此，发展一种简单、方便、准确地分析 DNA 损伤的情况的方法，对了解生命体活动的基本过程、人体疾病的控制及预防具有十分重要的意义。

DNA 的损伤包括两种情况：一种是 DNA 链断裂，碱基被氧化，共价键发生变化，也称为 DNA 的氧化性损伤；另一种是 DNA 与其他分子通过非共价键的力量发生相互作用，使 DNA 出现构象的变化与扭转张力的变化。这两种情况均可影响到 DNA 的复制或転录等关键过程，并引起遗传信息的永久性变化或者突变。

可引起 DNA 损伤的物质有很多种，如重金属离子、芳香化合物、药物、纳米材料和全氟辛烷磺酸盐等。对 DNA 影响较为严重的损伤为第一种情况，上述例子中的大多数物质都具有这种损伤机理，在它们组成的反应体系中产生了活性氧（ROS），如—OH、—O_2^- 等，这些 ROS 既能够造成蛋白质结构突变或丧失生物活性，也能使 DNA 链断裂、DNA 位点突变、DNA 双链畸变和原癌基因与肿瘤抑制基因突变，最终导致机体产生氧化性损伤。

电化学方法由于具有简单、方便、成本低、选择性好、灵敏度高的优点，常被用于 DNA 损伤的研究中。DNA 中有四个主要碱基（G、A、T、C），当 DNA 链完整时，碱基两两配对，暴露在外面的极少，所以电化学信号很弱，但是当双螺旋结构遭到破坏时，暴露出的碱基数量增多，四种碱基均有电化学活性，所以会有明显的电化学信号出现。由于 A、T、C 在一般的溶液体系中的过电位较高，所以往往显示出氧化信号的只有 G 碱基。直接用 DNA 本身的碱基信号来研究其损伤的传感器一般灵敏度较差，因为 G 碱基的氧化电流在浓度低时不太明显。为了提高灵敏度，研究人员可以选用合适的电化学指示剂来表征其氧化损伤的程度，因为电化学指示剂浓度可调，使电化学信号显著、易于辨别。可用作指示剂的物质与上述杂交指示剂完全一样。

4.4　免疫传感器

生物量传感器发展很快，已逐渐应用于食品、工业、环境检测和临床医学等领域。免疫传感器作为一种新兴的生物量传感器，以其鉴定物质的高度特异性、敏感性和稳定性受到青睐，它的问世使传统的免疫分析发生了很大的变化。它将传统的免疫测试和生物传感技术融为一体，集两者的诸多优点于一身，不仅减少了分析时间、提高了灵敏度和测试精度，也使得测定过程变得简单，易于实现自动化，有着广阔的应用前景。本节将从免疫传感器的生物学基础、免疫分析策略、抗体的固定化技术等方面进行介绍。

4.4.1　免疫传感器的生物学基础

抗体（antibody）是由机体 B 淋巴细胞或记忆细胞增殖分化的浆细胞所产生的免疫球蛋白，可对外界物质产生反应。外界物质能引发机体免疫反应，因此被称为免疫原（immunogen），即抗原（antigen）。抗原-抗体反应（antigen-antibody reaction）具有极高亲和力和低的交叉反应性，即具有很强的特异性，其相互作用的强度是由抗原决定簇和抗体结合位点的互补程度决定的。抗原-抗体复合物（antigen-antibody complex）中的结合力主要是非共价力，比如静电作用、氢键、疏水键和范德华力等。

4.4.2　免疫分析策略

在免疫传感器中，为了实现定量分析，必须对抗体和抗原之间的免疫反应进行量化测定。目前主要有以下四种策略，即竞争性免疫测定、非竞争性免疫测定、直接免疫测定和间接免疫测定。

（1）竞争性免疫测定

根据标记的免疫分子种类，竞争性免疫测定可分为直接竞争性免疫测定和间接竞争性免疫测定，如图 4-11（a）和（b）所示。直接法中，待测抗原和标记抗原相互竞争，与有限数量的固定化抗体特异性结合，通过确定抗体上结合的标记抗原的量，可以对待测抗原进行定量分析。间接法中，待测抗原与完全抗原（一般为小分子与蛋白质的偶联物）相互竞争，与有限数量的标记抗体特异性结合。通过确定完全抗原结合的标记抗体的量，对待测抗原进行分析。在竞争性免疫测定中，信号强度与目标分析物的浓度成负比。竞争性免疫测定通常适用于小分子分析，因为有限的抗原表位限制了它们可以结合抗体的数量。

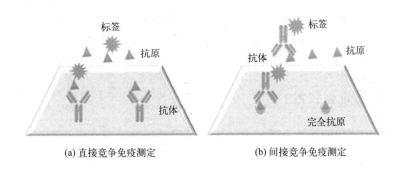

图 4-11　竞争性免疫测定

（2）非竞争性免疫测定

如图 4-12 所示，在非竞争免疫测定中，待测抗原必须至少具有两个针对其特异性抗体的表位。待测抗原被固定化抗体捕获，剩余表位与标记抗体结合以产生可检测的信号，该信号与待测抗原的浓度成正比。由于待测抗原位于两个抗体之间，因此该方法又称夹心法。

（3）直接免疫测定

如图 4-13 所示，直接免疫测定适合用于高分子量的抗原。将待测抗原直接固定在固相载体表面，与标记抗体孵育后进行检测，产生的信号与样品中待测抗原的浓度成正比。

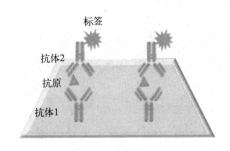

图 4-12　非竞争性免疫测定

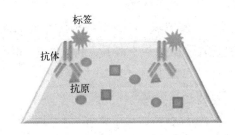

图 4-13　直接免疫测定

（4）间接免疫测定

如图 4-14 所示，在间接免疫测定中，既不直接测量也无需标记一级抗体，而是将另一种与标记物偶联的抗体（二级抗体）加入到测定体系中，特异性地结合一级抗体，从而间接地反映待测抗原的浓度。第二抗体具有信号放大的作用。

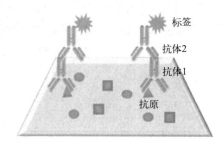

图 4-14　间接免疫测定

4.4.3　抗体的固定化技术

抗体是介导体液免疫的重要效应分子，能够特异性结合相应抗原。抗体由两个抗原结合片段（Fab）和一个可结晶片段（Fc）组成。Fab 片段在氨基酸组成、等电点和物理结构上都与抗体 Fc 片段不同，从而可以确定抗体在表面上的取向。理想情况下，固定化抗体的 Fc 片段面向传感器表面，然而随机固定的抗体可能以各种方式散落在表面孔道，不仅造成部分抗体的失活，还会降低传感器灵敏度。

在固体表面有效地固定抗体是包括免疫测定和生物量传感器在内的各个领域的重要课题。然而，没有一种抗体固定方法是普遍适用的，都需要将固相载体和抗体自身的性质结合起来进行选择。

（1）物理吸附法

物理吸附是溶质与吸附剂之间由分子间作用力产生的吸附，是最早的抗体固定化方法。因其操作简单、固定化酶活力较高而被广泛应用。但是由于物理吸附没有选择性，抗体并不固定在固体表面的特定位置上，酶和载体结合不牢固，在使用过程中容易脱落，常与交联剂一起使用。

（2）共价耦合法

① 氨基、羧基耦合。化学耦合方法可以减小抗体固定过程的随机性并增强固定抗体的稳定性。但是基于氨基（—NH_2）和羧基（—COOH）的抗体固定随机性较强，有时在 Fab 片段附近会有反应性较强的—NH_2 或—COOH，此时通过—NH_2 或—COOH 的固定方式容易造成抗体的失活。

② 硫醇基耦合。金硫醇键的开发使得这种固定化方法在表面等离子体共振（SPR）等技术中对金衬底和纳米颗粒非常有用，根据光子固定化技术的方法，紫外线激发也被用于在抗体的铰链区启动二硫键的光还原。利用 258nm 和 10kHz 的紫外脉冲，可以产生自由硫醇，然后其可以结合金衬底进行石英晶体微平衡测量。

③ 糖基部分的耦合。利用抗体 Fc 片段的独特的碳水化合物部分也是一种共价固定方法。

（3）生物亲和法

① 生物素-亲和素。生物素通常从卵黄和肝组织中提取。亲和素可由蛋清提取，是一种由 4 个相同亚基组成的糖蛋白，使用较多的是从链霉菌中提取的链霉亲和素，链霉亲和素的 4 个生物素结合位点两两靠近，这使得链霉亲和素可以作为桥连分子，将生物素化的抗体与固相连接起来。利用生物素-亲和素之间的亲和作用，可以提高抗体-抗原的结合能力，但是该方法需预先包被，使抗体生物素化。

② 蛋白 A 或蛋白 G 法。蛋白 A 包含四个 Fc 片段结合位点，可以与许多哺乳动物的免疫球蛋白 Fc 片段特异性结合，使 Fab 片段用于抗原结合。这种生物功能化方法可以实现抗体的定向固定化，使结合位点暴露于包含待检测目标分析物的样本溶液中，从而最大限度地与它们进行相互作用，而且相对于随机固定，固体载体上定向固定蛋白 A 增强了抗体结合能力。蛋白 G 在许多免疫检测中被广泛用于固定不同类型的抗体，该蛋白能够特异性地结合抗体的 Fc 片段实现抗体的定向固定，从而使抗原结合位点最佳地暴露于检测溶液中。此外，蛋白 G 介导的抗体固定化通常不需要任何抗体修饰。

③ DNA 定向固定化法。DNA 定向固定化是一种通过序列特异性杂交在表面固定蛋白 DNA 耦合物的有效方法，可以为固定化抗体提供有序的定向。该方法提高了抗原的结合能力，但需预先包被，将寡核苷酸链与抗体耦合。

④ Fc 结合肽和适配体。抗体 Fc 片段的短肽可被用来促进定向固定。有研究证明分子动力学可用于设计短肽，对小鼠 IgG2a 前列腺特异性抗原（PSA）具有较高的特异性，通过 SPR 监测 PSA 结合，表明其具有良好的抗体定位。

（4）重组抗体的固定

重组抗体（rAb）具有低分子量、易于捕获抗原等优点，是天然重组抗体的潜在替代品。而针对完整抗体开发的基于 Fc 片段或碳水化合物部分定向固定化方法，并不能用于 rAb 或抗体片段，如单链抗体（scAb）或单链抗体可变区基因片段（scFv）。为了保证 scFv 或 scAb 在不变性的情况下更容易地固定在传感器表面上，人们开发了多种方法来固定它们。抗体片段可以被设计成在肽连接物中含有带正电荷的氨基酸（如精氨酸），或者在羧基端有一个 6-组氨酸氨基酸序列，分别通过静电和非共价相互作用来固定。生物亲和方法也可以将 scFv 固定在链霉亲和素包被的表面上，方法是通过 scFv 上的游离胺与生物素结合的高特异性使利用单一的 rAb 来检测抗原成为可能，从而消除了对第二种抗原的特异性抗体的需要。由于 rAb 的体积小，免疫传感器不能被激活，也不能在高密度的环境下工作，因此提高了测定的准确性、灵敏度和稳定性。

4.4.4　免疫传感器的分类及其原理

免疫传感器中的换能器可以将信号转换成不同的形式，例如电信号、质量信号、热量信号和光学信号。因此根据转换信号类型的不同可以将其分为电化学免疫传感器、质量检测免疫传感器、热量检测免疫传感器和光学免疫传感器这四大类。

（1）质量检测免疫传感器

质量检测免疫传感器是以检测前后质量变化作为信号来进行免疫分析的传感器，一般通过压电晶体和声波对信号进行放大检测。对于压电免疫传感器，其技术原理是在压电晶体表面固定抗体或抗原，若样品中有相应的抗原或抗体则会发生特异性免疫反应，从而改变晶体的质量，导致振荡频率的变化，而振荡频率的变化与待测物浓度成正比。其缺点是该传感器中非特异性结合的影响是无法消除的。

压电免疫传感器是利用某些电介质受力后可产生压电效应以及基于压电效应的质量-频率关系而研制的传感器。压电免疫传感器是利用压电晶体对质量变化的敏感性以及抗原-抗体结合的特异性特点而形成的一种新型生物检测系统，常被称为石英晶体微天平（quartz crystal microbalance，QCM），可用于多种抗原或抗体的快速、定量检测及反应动力学研究。此类传感器克服了传统免疫检测费时、昂贵及需要标记等不足，在临床实验室诊断、病原微生物检测和食品安全监测等领域有着广泛的应用前景。

压电免疫传感器频率变化和质量变化的量化关系用著名的 Sauerbrey 方程表示：

$$\Delta f = -\frac{2f^2}{\sqrt{\rho_q \mu_q}}\Delta m = -C_f \Delta m \tag{4-9}$$

式中，Δf 为单位面积下质量变化（Δm）引起的频率变化；f 为晶体的固有频率；ρ_q 为石英的密度；μ_q 为石英薄膜的剪切系数。

Sauerbrey 方程是 QCM 的理论基础，从方程中可看出，压电石英晶体谐振频率的改变与晶体表面质量负载的变化成负比。

图 4-15(a) 为一种 QCM 的组装结构。该传感器将金电极放置于 AT 压电石英晶体上下表面，利用在晶体共振时的辐射频率电压来激励晶体振动。利用图 4-15(b) 所示的测试系统可检测到频率与电导的关系［图 4-15（c）］、晶体频率随时间的变化情况［图 4-15(d)］。从测试结果看，QCM 的检测灵敏度很高，可用于微小质量变化的测量。有研究曾采用自组装固定抗体的方法，构建了用于检测肠出血性大肠埃希菌的免疫生物传感器。

（2）热量检测免疫传感器

热量检测免疫传感器利用固定了热敏电阻的仪器，且将抗原或抗体固定在包埋了热敏电阻的仪器上，待测物中的抗原或抗体与其反应后会引起能够产生热量的酶促反应，热敏电阻元件检测其中的热量变化并将其转换成电阻信号。

（3）光学免疫传感器

光学免疫传感器使用光敏元件作为信号转换器（转换元件），且将能够发生免疫反应的抗原/抗体固定到感受器上，免疫反应的发生会改变光敏元件的光学特性，通过检测免疫反应前后产生变化的光学信号来检测免疫反应。利用光学原理工作的光学免疫传感器，是免疫传感器家族的一个重要成员。光敏元件有光纤、波导材料、光栅等。生物识别分子被固化在传感器上，与光学器件的光的相互作用，产生变化的光学信号，通过检测变化的光学信号来检测免疫反应。下面介绍几种把免疫测定和光学测量有机结合起来的有代表性的传感器的构造。

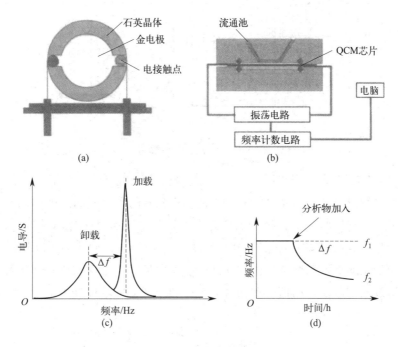

图 4-15　QCM 传感器

　　① 夹层光纤传感器。如图 4-16 所示，将末端涂有试剂（如抗原）的光纤浸入溶液中来检测溶液里是否存在与试剂互补的物质（抗体）。若溶液中的确存在抗体，就会和抗原结合。将结合了抗体的光纤浸入含有被荧光标记的抗原溶液里，带有荧光指示剂的抗原会和抗体结合。在光纤的另一端加上光源，将返回一个荧光信号。待测试抗体浓度越高，就有更多的荧光标记抗原与其结合，返回的荧光信号越强。

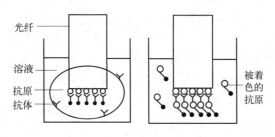

图 4-16　夹层光纤传感器

　　② 位移光纤传感器。如图 4-17 所示，光纤末端涂有试剂（如抗原），带有荧光标记的试剂（抗体）被密封在有透析能力的薄膜里。抗体与透析膜内被标记的抗体互补，因此抗原和抗体有结合的倾向。将这套装置浸入样本溶液中，若溶液里也含有与抗原互补的抗体，该抗体就有与带有荧光标记的抗体竞争、与光纤末端抗原结合的倾向。此时在光纤的另一端加上光源，将返回一个荧光信号。样本溶液里待测抗体的浓度越高，返回的荧光信号就会越弱。所以，待测抗体的浓度和返回的荧光信号强度成反比。

　　③ 表面等离子体共振（SPR）传感器。如图 4-18（a）所示，该传感器包括一个镀有薄金属镀层的棱镜，其中金属镀层为棱镜和绝缘体（此处指生物膜层）之间的界面。一束

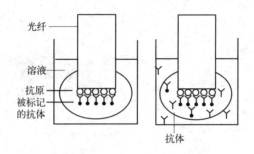

图 4-17　位移光纤传感器

横向的磁化单向偏振光入射到棱镜的一个面上，被金属镀层反射，到达棱镜的另一面。反射光的强度可以测量出来，用来计算入射光的入射角 θ 的大小。如图 4-18(b) 所示，反射光的强度在某一个特殊的入射角度 Φ_{sp} 突然下降，此时，入射光的能量与由金属-绝缘体交接面激励产生的表面等离子共振（SPR）相匹配。将一层薄膜（如生物膜）沉淀在金属镀层上，绝缘物质的折射系数会发生改变。折射系数依赖于绝缘物质和沉淀膜的厚度和密度的大小。通过测试陷波角的值，沉淀膜的厚度和密度就可以推导出来。

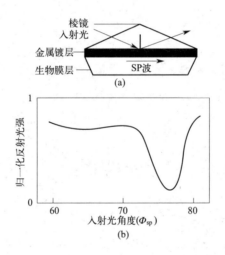

图 4-18　表面等离子体共振（SPR）传感器

（4）电化学免疫传感器

电化学免疫传感器是将免疫分析技术与电化学传感技术相结合之后构建的一类新型生物传感器，应用于痕量免疫物质的分析研究，具有特异性好、灵敏度高、耗时短等优点。根据电化学免疫传感器是否使用标记物，又可以将其分为无标记型和标记型电化学免疫传感器。

① 无标记型免疫传感器。将抗体或抗原固定在电极上，当其与溶液中的待测抗原或抗体发生特异性结合后，免疫复合物的产生引起电极表面膜和溶液交界面电荷密度改变，产生膜电位的变化，其变化程度与溶液中待测生物分子的浓度成比例。如图 4-19(a) 所示，无标记免疫分析的步骤：先将抗体固定在基底上，再将抗原连接至抗体上，最后通过相关的测试仪器将信号传达出来，并对抗原浓度进行定量分析。

② 标记型免疫传感器。将特异抗原或抗体用酶或者纳米粒子等进行标记，使其在反

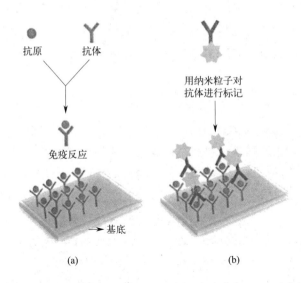

图 4-19　无标记免疫分析 (a) 和标记免疫分析 (b) 示意图

应溶液中与待测抗原或抗体竞争与电极上抗体或抗原的结合，待洗涤去除电极上的游离抗原或抗体后，再进行电化学测定。电极上的捕获抗体结合抗原后，被标记的抗体与电极表面的抗原相结合，形成捕获抗体-抗原-标记抗体的夹心结构。与无标记型电化学免疫传感器相比，夹心结构通过利用标签或标记作为信号探针来量化免疫识别过程，达到提高灵敏度和降低背景噪声的目的。

在传统的免疫传感器中，标记抗体通常与信号分子相连，以特异性地指示目标分析物（如抗原）和受体（如抗体）的结合。然而，标记抗体上的信号分子负载量低，导致免疫传感器的可检测信号有限、灵敏度低。因此，为了提高电化学免疫传感器的灵敏度，首先要考虑的是在一个标签或标记上富集更多的信号分子，以显示更多的抗原-抗体识别反应。图 4-19(b) 所示即为对第二抗体进行标记的过程，通过与第二抗体结合的纳米颗粒放大传输的信号，标记抗体与抗原结合，以此来对抗原进行定量检测。

4.4.5　纳米材料在电化学免疫传感器中的信号放大策略

纳米材料具有高比表面积、高导电性和良好的电化学催化性能，表现出一系列独特的量子尺寸效应和优秀催化性能。近些年，纳米技术的快速发展和纳米材料的广泛应用，为高性能电化学免疫传感器的发展提供了新的机遇。各种具有不同性质的纳米材料可以有效地解决生物识别分子的固定化、微量分析物的富集和浓缩、信号的检测和放大等问题，从而进一步提高电化学免疫传感器的稳定性和灵敏度。抗原特异性检测抗体（即生物识别元件）一般固定在纳米材料表面，通过它们与生物分子标记物或抗原发生的物理化学反应，可以实现对信号进行放大。

研究表明，纳米材料对免疫传感器的性能提升能够发挥极其重要的作用，各种纳米材料包括碳材料（如碳纳米管、石墨烯等）、贵金属纳米材料、金属氧化物和其他纳米材料在免疫传感中被广泛研究。其中石墨烯由于物理化学性质稳定、表面基团丰富、易于功能化等优点，在免疫分析中常常被用于负载蛋白质与酶标二抗，有效放大了免疫信号，提高了免疫传感检测的灵敏度。纳米材料在免疫传感中起到的信号放大作用主要通过以下三种途径实现：第一种，构建具有高负载能力的标签或标记物；第二种，构建纳米酶，通过氧化还原反应对底物进行催化；第三种，直接利用纳米粒子作为信号放大器。

（1）构建具有高负载能力的标签或标记物

在上述三种途径中，电化学免疫传感器中最常用第一种途径，即制备具有高负载能力的标签或标记物，通过直接利用标签或标记物本身的催化性能或结合酶来对底物进行催化，达到放大信号的效果。纳米材料的高比表面积使得研究人员能够在二抗标签上富集更多的信号分子，通过这些信号分子可放大抗原-抗体之间的特异性反应。随着纳米技术和分子生物学技术的发展，通过对各种纳米材料和分子进行组合设计，研究人员已制造出多种具有高负载能力的标签，并成功提高了免疫传感器的灵敏度。纳米材料的构建主要有以下三种方式：第一种是采用多孔材料、树枝状材料和具有多个结合位点的纳米材料作为富集氧化还原物种的载体；第二种是通过聚合酶链式反应（PCR）、滚动扩增（RCA）和杂交链式反应（HCR）构建长的DNA长链作为氧化还原物种的载体，通过发挥纳米材料的优势对信号进行放大，不断地提高免疫测定的灵敏度；第三种是通过分子自组装技术制备超分子网络用来负载更多氧化还原物种，通过生物分子特异性反应和生物主客体识别技术将信号分子与其他的纳米材料组合到一起作为信号放大的标签，不但进一步提高了信号分子组装的效率，也能够使得信号进一步被放大。

由于酶对底物具有高效率的催化作用，在检测体系中引入酶，利用其对底物催化反应产生的电化学信号对传感电信号进行放大，能够提高检测的灵敏度。因此在电化学免疫传感器中结合酶对抗原或抗体进行检测已成为提高传感性能的有效策略，其中辣根过氧化物酶（HRP）和碱性磷酸酶（ALP）作为常见的生物酶，已被用于同多种纳米酶相结合作为电化学免疫传感器标签，实现了信号的多级放大。

（2）氧化还原催化底物信号增强法

在免疫传感体系中，可以通过使用基底或者标记物本身的氧化还原能力对电信号进行放大。在一般的电化学免疫传感体系中，抗原-抗体的生物识别反应决定了检测限与检测范围，由于基底被深埋在大分子蛋白质的复杂结构中间，阻碍了电子传递，因此多数研究中采取纳米材料标记抗体，通过纳米材料对底物的催化反应将电信号放大，被纳米材料标记的抗体所引发的进一步反应会让电信号变得可视化。这些发生在电极表面的界面反应可以产生电信号或形成不溶性产物，从而放大待测物引起的信号反应。

（3）纳米粒子作为基底增强信号

纳米材料可以作为电活性标记物对信号进行放大，这是传感器中最常见的信号放大方式之一。现代研究人员也更加倾向于选择具有高导电性、生物相容性的纳米材料来对免疫反应的信号变化进行放大，从而实现对待测物的灵敏检测。纳米材料作为基底修饰在电极上时，可以增加电极的有效作用面积，同时也能促进表面的电子转移速率。其中贵金属金、铂纳米颗粒、石墨烯以及高活性的碳纳米材料的应用较为广泛，这是因为它们具有高效的电子传递能力、更多的活性位点。

4.5　细胞和组织传感器

细胞和组织传感器是将整个细胞或组织作为敏感元件，利用细胞本身具有的对被分析物敏感的受体、离子通道和酶等作为感受被分析物的敏感元件，通过检测细胞的生理生化参数的变化获得细胞响应信号，用于反映被分析物的信息。采用细胞或组织作为敏感元件，有利于稳定保持敏感元件原有的功能结构和响应特性，与分子传感器相比可以获得更为理想的响应信号，而且具有反映被分析物的细胞生理效应的优势。细胞和组织传感器可以根据被分析物的不同，选择不同类型的细胞和组织作为敏感元件，其来源主要包括原代培养、细胞系培养和胚胎干细胞诱导分化培养等途径。细胞和组织传感器在生物医学、药物开发、环境保护等领域获得了广泛的应用，展现出诱人的应用前景，已经成为生物传感器领域一个非常重要的分支。目前，细胞和组织传感与检测技术正逐步成熟，为细胞与组织的代谢检测、形态改变、电生理检测等细胞生理与病理研究提供了新的技术手段。本节将详细介绍基于细胞代谢、细胞阻抗和细胞电生理检测技术的生物量传感器。

4.5.1　细胞传感器的概述

细胞是构成生物体的基本组成和功能单元。随着微电子传感技术和细胞体外培养技术的发展，以活细胞为传感介质构建细胞传感器，已经成为生物传感领域研究发展的新方向。细胞传感器以活细胞作为敏感元件，利用细胞高敏感性的特点，可以迅速识别外界环境的变化。此外，根据细胞的兴奋动作电位和细胞力学的特殊性质，可将细胞用于定性或定量检测未知毒物，确定其存在及含量，从而实现对危害物的检测和评价。因此，细胞传感技术具有实时、快速、动态和准确的优点，不仅能够研究和监测细胞的生理活性与状态，而且能够检测目标物的含量并分析其危害，克服了传统方法基于过敏原蛋白和核酸检测的缺点。经过多年的研究和发展，目前细胞传感器已在生物医药、环境监测、毒物分析和食品安全等领域展现出强大的生命力和广阔的应用前景。

细胞传感器技术克服了抗原-抗体、核酸相关传统检测方法费时费力、操作复杂等缺点，在细胞生理、药物筛选、环境毒素检测等相关的研究和应用领域得到了广泛的运用。细胞在生长和受到外界刺激时会发生不同生理现象的改变，如代谢产物改变、形态及运动改变、跨膜电位/离子流改变、胞外场电位改变等，传感器也有不同的响应模式，如图 4-20 所示。

4.5.2　细胞传感器的结构与分类

（1）细胞传感器的结构

细胞传感器是将活细胞作为传感介质，将其固定在传感界面（如电极或其他信号元件）上，通过检测细胞生理信号的变化来确定被检物的性质和含量。如图 4-21 所示，细胞传感器主要包括细胞和换能器两个组成部分，细胞作为一级传感器直接感受外界药物、毒素、化学物、电流等的刺激并引起细胞生理信号的改变。这些生理变化被二级换能器识别并转化为光电信号，通过数据处理和传输显示于计算机上，便于研究者分析。当活细胞

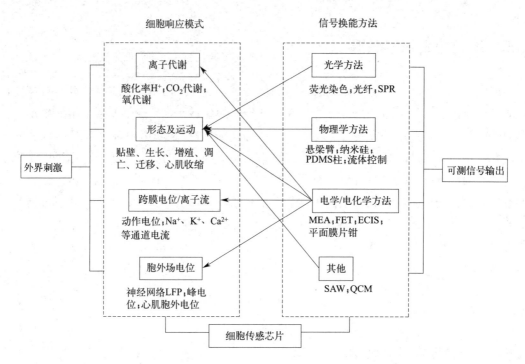

图 4-20 细胞对刺激的响应模式和传感器的信号换能方法

受到外源物质刺激后，生理信号通过换能器的处理和转换可变为连续的数字信号，进而可对作用于细胞的毒物进行定性或定量检测。群细胞传感器作为最常用的细胞传感器，较单细胞传感器具有更多优势，如降低了细胞个体间差异、提高了检测结果的一致性，有利于更精准地评价被检物对细胞的影响。

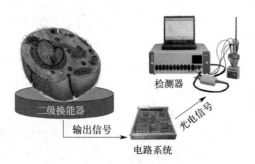

图 4-21 细胞传感器构造示意图

（2）细胞传感器的分类

细胞传感器采用固定或未固定的生物活细胞作为传感器的敏感元件识别目标分析物，通过换能器实现信号处理，获取目标分析物的特征信息，通常信号响应特征与目标分析物存在一定规律的关联性，从而实现有效评价。细胞传感器系统一般由 3 个主要元件组成，包括一级感受器，即敏感元件，以及两个二级感受器，即换能器和信号处理系统。根据细胞类型可将细胞传感器分为两大类：一是微生物细胞传感器，以细菌、真菌、酵母菌和藻类作为敏感元件；二是动物细胞传感器，以高等真核细胞为敏感元件，如鱼类、大鼠、人体细胞等。随着细胞传感器的不断发展，其在环境监测、医学诊断、制药、食品分析等方面的应用也在不断突破。

4.5.3　细胞的固定化技术

细胞固定化是构建细胞传感器的基础，通过一定的物理化学方法将细胞约束或限制在一定的空间范围内，但仍维持其生物活性并使之能够被反复使用。早在 20 世纪 50 年代，Hattori 和 Furusaka 就利用树脂吸附法实现了对细胞的固定。随着科技的发展，细胞固定化技术也日趋于成熟，目前已被广泛应用于工农业、医药学、化学分析、环境监测、安全评价等领域，可用增大细胞密度、促进细胞增殖、维持细胞稳定、提高分离纯化效率等，特别是在连续反应中具有独特的应用价值。

细胞在传感界面上的固定是构建细胞传感器的关键技术。其中电极是细胞固定最常用的基体载体，其种类包括玻碳电极、金电极、铂电极和其他材质的微型阵列等。由于细胞生长增殖的过程中极易受外部环境的影响，因此细胞固定基底材料的特性，如粗糙程度、疏水性、电负荷性、表面活性等都会影响细胞的生理活性。常见的细胞固定化技术主要有直接吸附法、包裹法、共价法、交联法等。

① 直接吸附法。是一种简单有效、低成本的基本细胞固定方法，通过细胞和固定面之间的物理作用（如表面张力、静电吸附等等），在载体外部形成细胞层，从而达到固定细胞的目的。

② 包裹法。将细胞包埋于半透膜、化学聚合物、蛋白凝胶等三维结构中，维持细胞正常活性的同时允许与外界进行物质交换，并且只需改变包裹材料的浓度就可以实现 3D 结构中的孔径大小的调节，保持细胞数量并防止细胞暴露。

③ 共价法。利用细胞与载体表面的功能基团的化学反应形成共价键，达到细胞固定的目的。虽然该方法具有固定牢靠、化学性质稳定、不容易被侵蚀、使用时间长等优点，但共价结合条件不容易控制，易受反应时间、材料及温度等多种因素的影响，且难以保持细胞的活性，一般用于死细胞的固定与结合。

④ 交联法。通过化学试剂与细胞表面功能基团（如氨基、羧基、羟基、巯基、咪唑基）进行生化反应，形成交联物固定在载体表面。主要固定试剂有戊二醛、异氰酸酯及联苯胺等，由于交联剂一般都有毒性，故该方法存在一定的局限性。

4.5.4　典型细胞传感器的应用及其原理

（1）细胞代谢传感器

测量细胞代谢过程中细胞以及胞外微环境的相关参数，可以间接反映细胞的生理状态变化。细胞代谢检测技术主要依赖于外界刺激作用下细胞代谢发生的改变，通过传感器检测并转换成电信号输出。20 世纪 90 年代，出现了一种基于光寻址电位传感器（light-addressable potentiometric sensor，LAPS）的细胞微生理计，用于检测由于细胞能量代谢引起的细胞外微环境的酸化。通过测量细胞外微环境的 pH 值变化，定量计算细胞质子排出速率，从而可以分析细胞的代谢率，即细胞外酸化速率（extra-cellular acidification rate，ECAR），这种方法对糖酵解和呼吸作用的代谢过程都适用。此外，用氢离子敏场效应管（ion sensitive field effect transistor，ISFET）也可以测量细胞代谢率，利用氧传感器和

CO_2 传感器还可以测量细胞糖酵解过程中 O_2 的消耗量和 CO 的生成量。下面以 LAPS 为例对细胞代谢传感器（细胞微生理计）进行介绍。

① 细胞微生理计的应用。细胞生理状态的变化会引起细胞外微环境代谢物的相应变化，比如胞外微环境中离子、生物大分子的变化。其中胞外氢离子的变化引起的 pH 值改变是反映细胞生理状态变化的一项基本指标。细胞以葡萄糖作为碳源，通过细胞内糖酵解代谢为乳酸，或者通过呼吸作用氧化为 CO_2。乳酸和 CO_2 经被动扩散穿过细胞膜，在正常生理 pH 值条件下，这些弱酸大部分会被解离，产生氢离子并排出细胞外。氢离子还可通过易化或非易化扩散途径（包括 Na^+-H^+ 交换通道和质子泵等）穿过细胞膜，最终使细胞外微环境酸化。

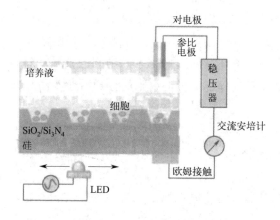

图 4-22　基于胞外 pH 值测量的细胞微生理计示意图

细胞外微环境酸化引起的 pH 值变化可以用 LAPS 检测，以反映细胞生理状态的改变。为此，首先需要将细胞培养在 LAPS 芯片表面加工出的小井样结构中，如图 4-22 所示。在 LAPS 芯片背面采用 LED 扫描，使 LAPS 芯片的半导体层产生电子-空穴对，在偏置电压作用下产生光生电流信号，根据这个信号可以计算出 pH 值。

② 细胞微生理计测试原理。细胞微生理计利用氢离子敏感元件测量细胞的代谢引起的胞外 pH 值的变化，测量对象通常是少量活细胞，用于反映细胞对外界刺激的响应，包括细胞在毒素、药物、配体等外界刺激作用下引起的细胞代谢变化。

细胞为了维持自身的活性状态和发挥功能需要不断消耗能量，能量主要以腺苷三磷酸（adenosine triphosphate，ATP）的形式存在并不断得到补充。ATP 主要来源于细胞对营养物质的分解代谢途径，包括有氧呼吸和糖酵解，这两个途径的最终代谢产物都是酸性物质，最终使细胞外的微环境酸化。如果细胞是处在一个体积足够小的封闭腔内，由细胞代谢引起的 pH 值的变化就可以通过细胞微生理计检测出来，而且封闭腔的体积越小，测量到的 pH 值变化越大。细胞的新陈代谢率也可以通过 pH 值相对于时间的变化斜率计算出来。

酸化率可通过测定液流中介质短暂停留期间细胞代谢引起的 pH 值下降来确定，对于每个测量腔，每秒测量的电压值与 pH 值线性相关。pH 变化率不但与代谢率 R（在 dt 时间里产生了 dn 个氢离子）有关，而且与腔体的体积 V 和它的 pH 缓冲能力 β_v 有关，pH 的变化率由下式计算：

$$\frac{\mathrm{d}n}{\mathrm{dpH}}=\beta_\mathrm{v}V \tag{4-10}$$

当使用小的测量腔时，必须要考虑腔体的表面积（A）和它的缓冲能力：

$$\frac{\mathrm{d}n}{\mathrm{dpH}}=\beta_\mathrm{v}V+\beta_\alpha A \tag{4-11}$$

根据这个公式，在微反应腔中的 pH 变化率：

$$\frac{\mathrm{dpH}}{\mathrm{d}t}=\frac{R}{\beta_\mathrm{v}V+\beta_\alpha A} \tag{4-12}$$

式中，R 为代谢率；V 为腔体的体积；β_v 为腔体的 pH 缓冲能力；A 为腔体的表面积。

（2）细胞阻抗传感器

细胞黏附到其他细胞或表面是许多关键生理或病理过程的前提，如细胞的存活、增殖、分化、活化和迁移。在组织移植中，细胞和生物材料的相互作用可以通过调节炎症反应和生物材料与周围组织的黏附强度决定移植入体内的人工假体的命运。现代研究表明，细胞黏附主要由细胞表面受体及其配体特定的相互作用决定，非特异性力也会影响细胞黏附。活细胞在与基底表面黏附过程中和黏附完成后，表现出各种形式的运动。这些运动可分为三种基本形式：细胞迁移、细胞形态变化、胞内细胞器运动。细胞迁移在癌细胞扩散中起到了决定性作用；细胞形态变化发生于细胞黏附过程的后期，即主动黏附阶段、细胞分裂成两个子细胞时以及细胞迁移时；胞内细胞器运动则无时无刻不在进行，以配合完成各种细胞生理活动。

无论是细胞黏附还是细胞运动，都要经历细胞形态的变化。细胞阻抗传感器（electric cell-substrate impedance sensor，ECIS）就是基于细胞形态检测技术应运而生的。图4-23 所示为细胞阻抗传感器的检测原理示意图。此类传感器的检测系统采用电化学检测中的二电极系统，在对电极上施加激励信号，在工作电极上检测到响应信号。如图 4-23（a）所示，工作电极和对电极均采用了金电极，由于金电极具有很强的电化学反应惰性，并且电阻率低，因此对检测过程的影响以及对检测结果的贡献可以忽略。激励信号采用的是交流小信号（电流或者电压），信号幅值大小的限制原则是不破坏细胞的正常生理平衡，而信号的频率需根据传感器的特性确定。ECIS 的响应信号采用阻抗检测仪器测量，可同时分析响应信号的阻抗和相位信息，在微弱信号检测中使用较多的是锁相放大器。当细胞从细胞悬液中降落并黏附到电极表面，由于细胞膜的电绝缘性，激励信号在工作电极和对电极间形成的电场通路将受到阻碍，反映在响应信号上就是电压（激励信号为电流）变大或者电流（激励信号为电压）变小。总的结果是整个细胞阻抗传感器的被测阻抗变大。这就是说，黏附到电极表面的细胞越多，被测阻抗也就越大。因此，ECIS 可用于分析细胞的黏附过程以及黏附的细胞数目多少。黏附好的细胞随后在表面上伸展、分裂增殖，最终形成一层致密的单细胞层。这一过程将导致被测阻抗持续增大，直到基底表面被细胞完全覆盖。一些细胞，如肿瘤细胞，在某些外界因素的诱导下，能够在基底表面进行迁移运动，这也将导致 ECIS 阻抗的相应变化。综上所述，ECIS 能够从宏观上（相对于单个细胞尺度）记录黏附性细胞在基底表面的黏附和迁移运动的整个过程。并且，这些生命过程都伴随着细胞的代谢调节和细胞形态和骨架的变化。

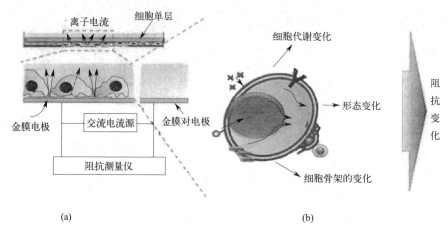

图 4-23　细胞阻抗传感器（ECIS）检测原理示意图

贴壁生长是哺乳动物细胞的一个重要的生理特征。细胞被认为是内部充满电解质、表面具有绝缘胞膜的粒子。当把细胞接种在工作电极表面时，细胞在电极表面黏附、铺展以及增殖会阻碍电极与溶液之间的电子传递，导致界面电流的传导方式发生变化。细胞不同于纯电阻、电容的显著特点是细胞本身是一个电化学体，细胞内所发生的一系列生化反应及生理过程所涉及的电子产生与传递都会影响并改变其表面的静电分布。利用细胞的介电行为、细胞与电极界面阻抗的改变，可以探知细胞生理或病理状态的重要信息。

细胞阻抗传感器对细胞行为的研究非常实用，许多研究已经证明了细胞阻抗特性可以反映出药物和毒素对细胞的作用。然而，将细胞阻抗传感器变为真正实用的产品还有不少问题有待解决：细胞阻抗传感器无法深入地研究细胞行为变化的机理，其功能性有待进一步提高和增强；参数单一的问题也极大地限制了细胞阻抗传感器的适用范围。这些都是在未来发展中急需改进的方面。

（3）细胞电生理传感器

细胞电生理传感器是一种采用胞外微电极阵列（micro-electrode array，MEA）监测细胞生物电活动的技术，与传统的膜片钳（patch clamp）技术相比，其最大优点是可以对细胞电生理信号的偶联和传导进行长期、实时、无损地测量。微电极阵列提供了高通量的数据采集通道，能高效获取由可兴奋细胞构成的细胞网络的电生理数据，已经成为细胞网络动力学长时程记录的一种强有力的工具。

基于离体细胞电生理测试的二维微电极阵列传感器 MEA 是指借助 MEMS 加工技术将 Au、Lr 或 Pt 等金属沉积于玻璃或硅衬底上，形成钝化层、电极和引线，用来传输并记录细胞动作电位频率、幅度、波形以及细胞网络间信号传播速度等参数的细胞传感器。传统的细胞电生理检测方法存在检测通道数少、操作烦琐以及无法长时检测等缺点，而微电极阵列极大地克服了这些不足，具有检测通道数多、无损伤性、响应速度快、制备工艺简单、可长期检测等优点，为离体细胞的相关研究提供了一种新而有力的方法。

细胞电生理测试是在 MEA 表面培养可兴奋性细胞（即在有效的外界刺激下能够产生

动作电位的细胞，如心肌细胞、神经细胞等），然后进行电信号的实时监测。细胞电生理测试分为在体测试和离体测试两种，后者也称作细胞外测量技术，因其具有测量无损性和长时性的优点正逐渐成为研究可兴奋细胞的主要手段。

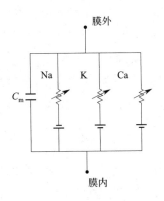

图 4-24　H-H 模型等效电路图

微电极阵列细胞传感器的基本原理 Hodgkin-Huxley（H-H）方程是描述神经元轴突膜电位与膜电流之间关系的一组微分方程组，其等效电路如图 4-24 所示。该方程组基于神经生理特性，能很好地重复动作电位的产生和传播，是可兴奋细胞的经典方程，具体表达如下：

$$C_m - \frac{dV}{dt} = g_{Na} m^3 h(V - V_{Na}) - g_k n^4 (V - V_k) - g_1 (V - V_1) + I_{ext} \tag{4-13}$$

$$\frac{dm}{dt} = \frac{m(V) - m}{\tau_m(V)} \tag{4-14}$$

$$\frac{dh}{dt} = \frac{h(V) - h}{\tau_h(V)} \tag{4-15}$$

$$\frac{dn}{dt} = \frac{n(V) - n}{\tau_{n(V)}} \tag{4-16}$$

式中，I_{ext} 为外加刺激信号；V 为膜电压；C_m 为膜电容；g_{Na}、g_K 和 g_1 分别为钠离子电流、钾离子电流和漏电流的电导最大值；m 和 h 分别为钠离子电流的两个门控变量；n 为钾离子电流的门控变量；V_{Na}、V_K 和 V_1 分别为钠离子电流、钾离子电流和漏电流的逆转电位；$m(V)$、$h(V)$ 和 $n(V)$ 分别为 m、n 和 h 的稳态值；$\tau_m(V)$、$\tau_h(V)$ 和 $\tau_n(V)$ 分别为相应的时间常数。

动作电位离子通道模型的构成包括：离子通道、离子泵和转运体电流（快速内向钠电流、与时间无关的钾电流、背景钠电流、背景钙电流、延迟整流钾电流、钙泵电流、钠-钾泵电流、钠-钙交换电流）。

以神经细胞膜为例，其总电流为 i_{men}：

$$i_{men} = C_{men} \frac{dV_{men}}{dt} + \sum_i i_i \tag{4-17}$$

式中，C_{men} 为膜电容；V_{men} 为膜电位；i_i 为由离子 i 所产生的电流。

总的来说，每个通道的电流：

$$i_i = \alpha g_i (V_{men} - E_i) \tag{4-18}$$

式中，g_i 为通道的 i 离子的最大电导；E_i 为平衡电位；α 为参数，根据通道不同表达有所不同，具体地说，α 是时间和膜电位的函数。

图 4-25 是用于胞外电位测量的微电极与细胞耦合的示意图，由于电极与溶液之间形成双电层，电极电位变化时，双电层电容会充电或放电，在与细胞耦合的情况下，细胞膜通道改变形成的离子流会使电极发生极化，形成电压差，即为细胞胞外电压。细胞-电极间隙形成封接电阻，用 R_{seal} 表示。被细胞覆盖部分的电极电流必须从侧面流过电阻间隙区域，总电流 I_{total} 用下式计算：

$$I_{total} = C_M \left[d(V_M - V_J)/dt \right] + \sum_i I_M^i = C_J \frac{dV_J}{dt} + \frac{V_J}{R_{seal}} \tag{4-19}$$

式中，C_M 为膜电容；V_M 为膜电压；V_J 为耦合层电压；$\sum_i I_M^i$ 为胞外各种离子和；C_J 为耦合层电容。

当 R_{seal} 较大时，细胞和元件间的漏电流比较小，有利于采集细胞电生理信号。设 V_J 为 A 点电压，当 R_{seal} 较小时，A 点电压将会有较大部分通过 R_{seal} 成为漏电流流入地面损失。因此，耦合层漏电流越小，检出信号与实际的胞外电位越接近。

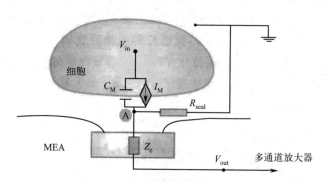

图 4-25　细胞-电极耦合的示意图

4.5.5　细胞传感检测技术

细胞是形成有机体形态和功能的基本组成单位，对研究机体结构和探索生命活动具有重要意义。细胞传感技术以活细胞作为敏感元件，通过活细胞对被测目标物的响应进行定性或定量检测。因此细胞传感技术对于研究细胞的结构和功能、探索生命的活动和规律、疾病的诊断和治疗、药物的设计和筛选、食品安全的监督和检测等都具有十分重大的意义。随着生命工程技术的发展、信息技术的飞跃、各学科间的交叉融合，细胞传感检测技术得到了飞速发展，新型纳米材料、荧光及电化学细胞传感器不断问世，极大推动了生物传感技术的迅猛发展。

（1）传统细胞传感检测技术

传统细胞传感检测技术主要包括光学显微技术、分光光度技术和流式细胞技术等。其中光学显微技术作为最基本的细胞检测手段，仍被广泛用于对活细胞的鉴别和观察。光学显微技术主要受到检测灵敏度、检测速度以及检测稳定性三方面因素的影响，特别是在对活细胞成像时，为了获得高信噪比的图像需要尽可能减少对细胞的损害，并排除样品的质构、观察的时间等因素的干扰。因此，光学显微技术无法胜任所有观察要求，迫切需要开发一种新的细胞检测手段。分光光度技术主要是指四甲基偶氮唑盐（MTT）比色法，该法所需细胞样品数少、操作简便、检测快速，可对细胞活性进行定量检测，无放射性污染，便于实现高通量实验，目前 MTT 比色法已广泛用于研究细胞的活性和抗癌药物筛选。早在 1999 年，就有研究采用 MTT 比色法检测了 LAK 细胞对 K562 细胞和 SMMC-7721 细胞活性的影响，成功建立了以 MTT 技术评价 LAK 细胞活性的方法。此外，流式细胞术是一项研究细胞结构与功能的新颖分析技术，具有快速、多功能、高通量检测的特点。有报道就采用流式细胞术对肥大细胞生理信号以及脱颗粒过程进行监测，为研究体内过敏症的发生提供了依据。随着科学技术不断发展，流式细胞术已经在诸多领域有着广泛的应用前景。然而流式细胞术也存在缺点，如仪器设备昂贵、操作复杂、无法实现对细胞的实时监测等。因此，仍然需要发展新的细胞传感技术用于评价和监测细胞生理动态变化以及有害物与细胞的相互作用等。

（2）电化学细胞传感检测技术

电化学细胞传感技术作为一种新兴灵敏的检测方法，以电化学手段作为转换元件，将检测信号转化为电信号从而实现对被检物的快速识别。电化学法具有检测时间短、检测准确度高、操作简单等特点，随着电极的微型化和电极修饰技术的发展，通过对电极的巧妙修饰就能大幅提高检测的灵敏度，并可实现对目标物的特异性识别。因此，在构建细胞传感器的过程中引进电化学技术将大幅提高细胞传感器的灵敏度和精确度。因此，电化学细胞传感技术对细胞生理活动分析、生命规律探索寻求、疾病诊断治疗、药物设计筛选、食品安全检测等都具有重要意义。目前，常用的电化学细胞传感技术包括电流法、电位法和电阻法等。

在正常情况下，细胞无法分泌具有氧化还原活性的介质，因此不能传递电子，只有当细胞与电极接触才能促进电子传递，引起电极表面电位的变化，产生可被检测到的电流。通过电极将细胞的电子传递与外电路相连接，就可以采用伏安法直接对细胞信号进行电化学检测。有研究采用循环伏安（CV）以及差分脉冲伏安法（DPV）对 K562 癌细胞在一次性电极上的电化学行为及抗癌药物对该细胞的影响作用进行了研究，结果发现细胞的数目与电极氧化峰大小成正比，且抗癌药物的加入明显引起 K562 细胞产生的电化学信号减弱，证明了该药物对细胞有明显抑制作用。

细胞电位传感器将细胞固定在离子选择电极（ISE）或气体传感电极（GSE）上，通过细胞消耗电极表面修饰的待分析物所产生的离子，引起电极表面电位的变化，实现对细胞或被测物的检测。这种方法对参比电极的稳定性要求十分严格，限制了这种传感器的应用范围。有研究采用聚-L-鸟氨酸和层粘连蛋白构建光寻址电位传感器监测单细胞在外界刺激下细胞胞外动作电位变化情况，结果显示该电位传感器可以在不破坏细胞生理活性的前提下对细胞的电生理现象进行实时监测。

交流阻抗技术通过向电极体系内增添一个小幅波动的交流电信号，在电流信号稳定时对电极表面阻抗值变化进行测量，获得有价值的电化学参数。该方法是目前研究电极表面变化的最有效手段，具有干扰小、速度快的特点。由于在低频下，细胞具有良好的绝缘性，因此采用电化学阻抗技术便可实现对细胞生长、增殖以及凋亡的实时、连续、定量监测，在食品安全检测方面拥有潜在的应用价值。有人开发了以金刚石膜作为基底材料的全透明阻抗传感器，用来检测成骨细胞，对该细胞的最低检测数量约为 2.7×10^4 个/cm^2。有研究将味觉细胞 STC-1 和 TCR 小鼠味蕾细胞培养在丝网印刷玻碳电极上，利用阻抗图谱信号分析细胞对促味剂的应激反应。还有研究构建了一种微电极细胞传感器通过阻抗信号对 AA8 纤维细胞的识别、技术、生长、运动以及耐药性等生物学指标进行分析，试验结果与常规检测方法基本一致，达到预期效果，误差仅在 $10\%\sim20\%$。

（3）光学细胞传感检测技术

光学细胞传感器是近年来新兴的细胞传感器，其利用生物发光或化学发光原理，不需要与细胞接触就可以实现对细胞的生理活动的实时监测。光学细胞传感器相比传统细胞传感器具有很多优点：由于采用特异性抗体对细胞表面特定受体进行识别，因此具有较高的特异性和检测的准确性；由于光感元件的引进，避开了制备电极的复杂过程，简化检测步骤，无需细胞固定，一般石英比色皿就可以完成全部检测；由于细胞光反应的瞬时性，因此整个检测时间大幅缩短，仅需要几分钟即可完成全部的测试。

荧光细胞传感器利用细胞作为识别元件，通过细胞表面特异性的受体与被测物的结合激活细胞内部信号通路，引发细胞内一系列生化反应，如胞内钙离子浓度的升高、蛋白质磷酸化、特定基因的表达等。将这些细胞的生理活动信号通过荧光指示剂转化成光信号，根据光信号的强弱来判定被检物的存在与含量。有报道采用一步合成法制备了荧光铜纳米簇，并成功将该纳米材料运用到对 A549 活细胞中铁离子的荧光成像检测中，为临床诊断和细胞医学成像开创了思路。

（4）微流控芯片细胞传感检测技术

近年来，微流控细胞芯片已被广泛运用于临床检测和疾病治疗，通过在微型芯片上集成多种功能单元，可实现对被检样品的一站式完整检测。早在 1998 年，Whitesides 等就提出了使用聚二甲硅氧烷（PDMS）制备微流控芯片的想法，并设计了复层微流通道完成了对芯片内流体的精准控制。相比传统的分析方法，微流控芯片具有样品需求量少、污染小、响应时间短、分析效率高的特点。此外 PDMS 材料透明，便于观察，有利于精确控制实验过程，满足批量化生产和高通量的需求。固定有细胞的微流控芯片能在细胞和分子水平上对细胞活动（如细胞增殖生长、运动迁移、内吞和外排、药物作用）等进行分析。微流控芯片内流体的运动维持了芯片的正常运作，实现了对细胞的捕捉和药物运输的控制。运用机械学、力学、电学等交叉学科知识，可将微流控芯片升级成集成有电路的流体芯片，进一步推动其向高自动化、快速分析、微型化的方向发展。有研究开发了一种基于适配体可同时检测两种重要细胞炎症因子 IFN-γ 和 TNF-α 的细胞微流控芯片，将人 CD4 T 细胞和 U937 单核细胞固定在芯片培养室中，通过适配体捕捉细胞分泌的炎症因子，并根据细胞分泌炎症因子时电化学峰电流的变化实现对上述炎症因子的定量检测。

思考题

1. 什么是酶传感器？
2. 每一代酶传感器的工作原理是什么？
3. 酶的固定化技术各自都有什么特点？
4. 核酸探针有哪些分类？
5. DNA 生物传感器的分类有哪些？
6. 目前常见的基于基因扩增的信号放大技术有哪些？各自的放大原理是什么？

参考文献

[1] 马筱一. 基于金纳米颗粒/二氧化锰纳米片生物传感器的构建及其性能研究 [D]. 合肥：中国科学技术大学，2022.
[2] 刘雯汶. 基于光学的生物传感器的构建及在生物标志物分析中的应用 [D]. 济南：济南大学，2022.
[3] 龙蓓青. 酶传感器用于蔬菜和水体中有机磷农药快速检测的研究 [D]. 长沙：湖南大学，2018.
[4] 卢晓霞. 双酶传感器的构建及氨基甲酸乙酯检测应用初探 [D]. 无锡：江南大学，2015.
[5] 钟霞. 几种复合纳米材料的合成及其在葡萄糖生物传感器中的应用研究 [D]. 重庆：西南大学，2013.
[6] 孙浩波. 基于自由基聚合反应的信号放大策略及其在核酸传感中的应用 [D]. 南京：南京理工大学，2022.
[7] Samanta D, Ebrahimi S B, Mirkin C A. Nucleic-acid structures as intracellular probes for live cells [J]. Advanced Materials, 2020, 32 (13)：1901743.
[8] 黄林娜. 几种 DNA 传感器在 miRNA 和重金属离子检测中的应用 [D]. 长沙：湖南师范大学，2021.
[9] 刘灿, 谢更新, 汤琳, 等. 基因传感器在环境微生物功能基因检测中的应用 [J]. 微生物学通报, 2008 (4)：565-571.
[10] 聂荣彬. 新型化学发光免疫传感器的构建与应用 [D]. 长春：东北师范大学，2020.
[11] 李静, 崔传金, 龚瑞昆, 等. 免疫传感器芯片表面的抗体固定化方法 [J]. 传感器与微系统, 2021, 40 (12)：6-9, 21.
[12] 孙艳, 孙锋, 杨玉孝, 等. 光学免疫传感器技术与应用 [J]. 仪表技术与传感器, 2002 (7)：5-8.
[13] 辛华倩. MXene 基纳米复合材料的功能化构建及其癌胚抗原免疫传感性能研究 [D]. 济南：山东大学，2022.
[14] 全飞飞. 多通道串联式压电细胞传感器的构建及应用研究 [D]. 长沙：湖南大学，2015.
[15] 王天星. 多参数心肌细胞传感器及其在药物对心脏药效和毒性分析中的应用 [D]. 杭州：浙江大学，2015.
[16] 吴成雄. 用于检测细胞生长、代谢和成像的细胞传感器及其测试系统的研究 [D]. 杭州：浙江大学，2013.
[17] 蒋栋磊. 基于肥大细胞传感器检测食品过敏原蛋白技术研究 [D]. 无锡：江南大学，2015.
[18] Jin Y, Yao X, Li J H, et al. Hairpin DNA probe based electrochemical biosensor using methylene blue as hybridization indicator [J]. Biosensors and Bioelectronics, 2007, 22 (6)：1126-1130.
[19] Dong S B, Zhao R T, Fan C H, et al. Electrochemical DNA biosensor based on a tetrahedral nanostructure probe for the detection of avian influenza a (H7N9) Virus [J]. ACS Applied Materials & Interfaces, 2015, 7 (16)：8834-8842.
[20] Liu H M, Luo J, Zheng J S, et al. An electrochemical strategy with tetrahedron rolling circle amplification for ultrasensitive detection of DNA methylation [J]. Biosensors and Bioelectronics, 2018, 121：47-53.
[21] Yu C M, Zhu Z K, Wang L, et al. A new disposable electrode for electrochemical study of leukemia K562 cells and anticancer drug sensitivity test [J]. Biosensors and Bioelectronics, 2014, 53：142-147.
[22] Xu G X, Ye X S, Qin L F, et al. Cell-based biosensors based on light-addressable potentiometric sensors for single cell monitoring [J]. Biosensors and Bioelectronics, 2005, 20 (9)：1757-1763.
[23] Cao H Y, Chen Z H, Zheng H Z, et al. Copper nanoclusters as a highly sensitive and selective fluorescence sensor for ferric ions in serum and living cells by imaging [J]. Biosensors and Bioelectronics, 2014, 62：189-195.

第 5 章

新型传感技术及应用

随着现代技术的创新发展，传感器品种和类型在不断地更新发展，当前技术水平下的传感技术正朝着微小型化、数字化、智能化、多功能化、系统化和网络化方向发展。随着纳米技术、3D 打印技术、微电子机械系统技术以及信息理论及数据分析算法的迅速发展，未来的生物医学传感技术必将变得更加高精度、高可靠、微型化、综合化、多功能化、智能化和系统化。新的检测技术的发展和多样化需求的增强对传感器提出了越来越高的要求，这是传感器技术发展的强大动力，现代科学技术的快速发展和应用也为传感器技术发展提供了坚实的技术支撑。本章主要介绍可穿戴传感器、生物芯片两种新型传感技术及应用。

5.1 可穿戴传感器

5.1.1 可穿戴传感器的概述

可以穿戴在人体或家畜、家禽身上的传感器在监测用于诊断健康状况的生理参数，以及保持安全、舒适和健康生活方面发挥着重要作用。在需要定期监测以确定患者代谢状态的各种生理参数方面，这类传感器具有巨大的潜力，特别是对于需要住院或因突发情况进入重症监护室的患者。重症监护是目前最具挑战性和压力最大的医疗服务之一，医生或其团队往往需要在患者的关键生理参数未知时，迅速做出关键的医疗救助决定。显然在这种情况下，可穿戴传感器是非常有用的，可以利用它方便地测量钙、锂、乳酸、胆固醇、尿素、尿酸、草酸、甘油三酯、抗坏血酸、肌酐、氧饱和度、血压和脉搏等一系列生理参数。同样，对于需要频繁透析的肾衰竭患者，一个能实时监测肌酐、钠、钾、氯化物和二氧化碳水平的监测系统也很有用。如今，可穿戴传感设备及其相关技术，如饱和氧监测设备、心率监测、智能手表和智能眼镜等正在迅速发展。在未来，这些可穿戴设备很有可能改变现有的医疗保健现状，重新定义医患关系，降低医疗成本，降低获取专业医疗服务的难度。随着越来越多的消费者选择这项服务，该技术的前景非常光明，到 2017 年年底，医疗保健市场快速增长，其价值超过 200 亿美元。

具有远程参数监测功能的可穿戴传感器可以解决患者享受医疗服务的接入问题。目

116

前，在印度有近 60%～65% 的人口生活在农村地区，而只有 10%～20% 的医生在农村工作，而且这些医生大多是非专业的。因此，农村的危重病人必须长途跋涉才能获得专业的医疗服务。通常情况下，严重心脏病或肺病等危重疾病的患者，如果在长途就医的过程中不接受治疗，往往会死亡。而利用集成发射机的可穿戴传感器的远程参数监测就可以将城市中专业医生的服务扩展到农村，填补农村地区医疗服务的空白。目前出现了大量灵活的、便于用户使用的可穿戴传感技术，它们可以进行各种物理和生理参数的测量。可穿戴传感器可以测量和监测的参数大致分为两类：物理参数和生化参数。可穿戴传感器技术可用于消费类电子产品、医用假肢、人造皮肤、软体机器人，以及治疗、药物输送和健康参数监测等。

（1）物理参数

物理参数包括运动、压力、振动、温度、加速度、心率等，用于反应神经（如癫痫）或心血管疾病（如高血压）、肺疾病（如哮喘或慢性阻塞性肺病）等。测量人体皮肤的温度可以提供许多有用的身体状况信息，如中风、心脏病发作、休克和感染等。人体运动受许多因素影响，包括生理、心理、环境和社会效应。因此，对于心脏病、骨关节炎、衰老和一些自身免疫病，运动监测可以提供一系列生理健康参数。例如，对于慢性阻塞性肺病的患者，6 分钟步行测试是评估其肺部状况的重要实验。运动能力也会受异常的身体和情绪所影响。显然，要进行有效监测，首先必须对运动进行监测和量化，识别运动减少和运动受损，评估影响运动的重要参数。

加速度计通常用于监测人体运动，如坠落检测、运动和身体运动分析或姿势定位等。加速度计可以用压阻式、压电式和电容式传感器来制造。加速度计利用质量块响应加速度，该质量块通过使弹簧或等效部件根据测量参数进行拉伸或压缩来响应加速度。惯性传感器是另一种重要的监测物理参数的传感器，主要用于检测跌倒、身体运动和姿势定位等。目前已经研制出一种低功耗、灵敏、紧凑的石膏型阻抗传感器，它通过测量胸部和心脏的阻抗变化来监测心脏状态。可穿戴心电图仪可用于初步短时间评估心脏功能。此外，还有一种利用导电织物制成的柔性薄电容式传感器，可监测人体心率、呼吸频率，也可进行手势识别、吞咽监测和步态分析等。以上这些物理传感器是通过检测电容、电阻、磁场和压电等参数的相对变化来工作的。根据有源敏感元件的类型，传感器可分为固态传感器和液态传感器。固态传感器的敏感元件可以用大块材料或纳米材料制造，纳米材料可以是聚合物、碳、半导体、碳纳米管、金属纳米线、聚合物纳米纤维或金属纳米颗粒等。在液态传感器中，制作敏感元件的活性元素可以是离子或液态金属。

（2）生化参数

可穿戴传感器可测量的生化参数包括 pH 值、氟化物含量、乳酸含量、葡萄糖含量、不同电解质含量、血氧饱和度、眼部的经皮氧气含量，以及钠、铵、钾、氯化物、尿酸、β-烟酰胺腺嘌呤二核苷酸等的含量。这些重要的生化参数的检测一般都需要受试者的体液标本，可能是人/动物排泄的尿液、汗液、唾液或粪便等标本，也可能是分泌的母乳或胆汁等液体，还可能是通过穿刺获得的血液或脑脊液等，当然也可能是在病理过程中形成的体液，如囊肿液。

5.1.2 可穿戴传感器的类型

可穿戴传感器根据检测生理参数的不同，可分为侵入式（体内）和非侵入式（体外）传感器。

（1）侵入式传感器

侵入式传感器需要通过注射或切口穿透身体获得体液。例如，血液作为一种重要的体液，可以用于检测哺乳动物身体中大部分重要器官的参数。为确定不同生理参数的浓度，通常需要用一根锋利的针穿透身体采集血液样本。同样，为了获得人体器官的状态，一些活细胞需要通过切口来采集，如支气管镜检查需要对肺泡分泌物样本进行检测。这类侵入式传感器会给患者带来极大的痛苦和恐惧，尤其对婴儿、老人以及晕血症患者，痛苦会加剧。当然对于婴儿和老年人来说，因为有时很难找到合适的静脉，所以采集血样也是一项挑战性工作。对于糖尿病患者的血糖监测、运动员的体能水平监测、肺病患者的氧饱和度监测、心脏病患者的胆固醇监测、多种疾病的药物疗效监测，利用可穿戴传感器进行持续的参数监测具有重要意义。但是通常这些情况下，不适合用需要血液、血清等体液的侵入式传感器进行测量和监测。此外，若针头使用不当，血液污染的概率也很高。

（2）非侵入式传感器

非侵入式传感器不需要通过注射或切口穿透人体来获得人体/动物的体液，因此这种无痛检测对使用者来说更舒适、更有吸引力。通常，这类传感器使用的体液有唾液、汗液、眼泪或皮肤组织液等。

① 唾液。唾液是从血液中渗透出来的一种复杂的化学物质，通过它可以测量许多重要的生理参数。它很容易获得，并且不需要预处理步骤。由于样品可以直接使用，因此不存在污染的可能性。唾液中的生化物质可以在线监测情绪、激素、营养和代谢状况、pH值、氟化物酸度等。利用唾液作为体液的可穿戴传感器，其安装非常简单——可以固定在牙齿上。

② 眼泪。眼泪是一种重要的非侵入式传感器使用的生物体液，由复杂的细胞外液体组成，其中包含蛋白质/多肽、脂类、电解质和代谢物。代谢物从眼腺、眼表、睑板腺和体液中提取。因此，眼泪成为检测许多生理参数（如氨基酸、抗氧剂、代谢物等）存在的另一种重要的液体。但眼泪样本的收集需要额外的处理，样本体积小，运输到遥远的检测实验室的过程中可能会蒸发。通过在视网膜上放置微型的、灵活的、薄的可穿戴传感器，无须运输样本就可以直接测量和监测重要参数。

③ 汗液。人/动物的汗液是第三种重要的生物体液。这种液体含有许多重要的化学物质，可用于哺乳动物的状态监测。利用非侵入式传感器获得的汗液可以确定乳酸钠、铵、钙的含量及囊性纤维化参数、物理压力，也可以评估和监测骨质疏松、骨质流失、皮肤纤维化，还可以检测酒精含量以及毒品含量等。基于汗液进行监测的可穿戴传感器主要有柔性塑料织物传感器和电子皮肤传感器两种类型。采集汗液样本的技术涉及微小电流，在微小电流刺激下某种化学刺激物（卡巴胆碱）进入皮肤。现在，已有集成了无线通信模块的汗液传感设备，这类设备能够在线共享和监测测量数据。这种方式也特别适合非侵入式的

动物保健应用。动物体液中金属的含量也可以用汗液样本来测量。

④ 皮肤组织液。这是第四种可以提取重要生化参数的体液。它由含有糖蛋白、无机盐、脂肪酸、氨基酸、辅酶、激素、神经递质、白细胞和细胞废物的水溶剂组成。该液体可用于检测血糖水平、器官衰竭程度、药物疗效、盐类含量等。

5.1.3　用于生物健康的可穿戴传感器

实时监控动物健康的传统方法大多使用记事本或离线设备，由于它们不具备通过无线通信进行数据存储、分析和共享的能力，因此这种实时监测方法既费时又费力。具有无线功能的现代传感器已经成为目前监测动物生理参数的主流方式，它通过将射频识别标签附在或嵌入动物体内，继而监测动物体健康参数，如脂肪、体重等。利用无线传感器进行健康管理的精准畜牧业，已经对提升动物福利产生了极大的影响。同时它还有助于通过对动物饲料和水的高效利用来提高农场生产力。需要注意的是，虽然人类和奶牛都是哺乳动物，在生理参数上也有很多相似之处，但是其基本参数仍有很多不同。例如，人类通常有4 种血型，而牛有 11 种血型。由于这些差异，并不是所有的动物都适合使用相同的检测方法和仪器，例如，用于检测人类 β-羟基丁酸（β-HBA）的传感器就不适合检测其他动物的酮症。酮症参数的检测对包括人类在内的所有动物的有效健康管理都是非常重要的，但同一种传感器并不总是适合不同的物种。可以使用不同的技术检测 β-HBA，如 $445\sim$455nm 范围内的紫外-可见分光光度计可检测的最低水平为 0.05mmol/L，催化酶 3-羟基丁酸脱氢酶电化学传感器也可以选择性地检测 β-HBA。

（1）参数监测

① 生化参数。监测的基本生化指标有钠、钾、铵、酮、孕酮、葡萄糖、乙醇、乳酸、皮质醇、尿素、肽、钙等的浓度以及 pH 值。

② 生理/物理参数。利用可穿戴非侵入式传感器监测的动物的生理/物理参数包括体重、追踪参数、行为特征参数、血液饱和度、声音、声音障碍指数、产卵压力、发情体征参数、体温、下落加速度等。

（2）病原体检测

流感病毒会导致鸟类间高度传染性疾病的暴发。受感染鸟类的唾液、鼻腔分泌物和其他分泌物中的病毒会传播给其他鸟类，甚至分享食物和水也能传播禽流感病毒。当流感病毒病原体攻击性较低时，主要会导致鸟类产蛋量减少，如果攻击性变高，则会导致鸟类多器官衰竭死亡，并迅速在畜禽中传播扩散。这种致命的禽流感的主要症状就是高温和异常的身体运动，可以通过使用具有可穿戴温度传感器和加速度传感器的无线传感器网络对其进行检测。还可以用椭圆偏振光谱仪检测其他能引起生殖或呼吸系统疾病的致病性病毒（如猪繁殖与呼吸综合征病毒）。除了病毒，细菌也会导致很多疾病。可穿戴传感器可检测的主要细菌包括大肠杆菌、单核细胞性李斯特菌、中性李斯特菌、伤寒沙门菌、肠道沙门菌、铜绿假单胞菌和耐甲氧西林金黄色葡萄球菌。利用由电化学传感器阵列组成的电子舌以及采用主成分分析和线性判别法的数据分析方案，可以识别和估计不同食源性细菌的浓度。该传感器阵列由具有不同灵敏度和选择性的银或金纳米颗粒制备的生物传感器组成。

将银或金纳米颗粒嵌入碳纳米管纳米结构中的生物量传感器可以检测炭疽杆菌或多药耐药细菌。混合纳米颗粒制成的传感器（如基于氧化石墨烯的电化学传感器）可检测传染性单核细胞增多症，这是一种引起李斯特菌病的主要病原体。

5.1.4 可穿戴传感器的工作原理

可以采用不同的技术（如光学、电学、压电和电化学）来制作传感器。用于生理参数测量和监测的两类重要的可穿戴传感器是电化学传感器和阻抗传感器。这两类传感器广泛用于测量各种参数。电化学传感器可进一步分类为电导式、电流式和电位式，阻抗传感器主要包括电阻式和电容式。电容式传感器具有灵敏度高、温度依赖性低、体积小、功耗小等特点，可检测多种物理和化学参数。电容式传感器可分为平行板型、同轴圆柱型、圆柱交叉型和边缘场型。电容器的边缘场也可用于检测样品的强度、位置和质地，以及其他生化参数。电容式传感器也适用于非侵入性参数测量，用于测量参数的样品可以是气态或液态。电化学传感器具有灵敏度高、携带方便、结构简单、成本低等优点，在生化参数的测量中占有主导地位。许多商用手持分析仪，如罗氏血糖仪（ACCU-CHEK）、乳酸检测仪（Lactate Scout）和血液分析仪（iSTAT），都采用电化学传感器来测量代谢物和电解质。这些传感器大多使用血液样本，因此具有侵入性。许多可穿戴的物理传感器已被开发出来用于监测重要的身体健康水平，但是使用体液的非侵入式电化学传感器很少被开发出来，可供商业应用的就更少了。

当传感器在某些环境中工作时，可能会遇到 3 种不同的输入，即目标输入、干扰输入和修正输入。目标输入指的就是传感器要测量的参数；干扰输入是指在传感器测量中不可预测的那些输入；修正输入是指导致传感器的输入-输出关系与目标和干扰输入发生变化的输入。例如，在测量体温的温度计中，温度变化会导致传感器的电阻变化，最终该变化会被转换成电信号。其中体温是期望的输入；测量中经常引起误差的一个干扰输入是周围环境中电气设备产生的 50Hz 电磁场，它可能会在电路中引起不必要的感应电压；热敏电阻的自热效应和励磁电压的波动可作为修正输入，它们都改变了传感器的实际输入-输出关系。

可穿戴传感器的特性一般分为两大类：静态特性和动态特性。有几个生理参数几乎是恒定的或者变化非常缓慢，如除了发热时，人的体温几乎保持不变。传感器的这种性能特点是静态特性。重要的静态特性有灵敏度、跨度、精度、分辨率、阈值、公差、线性、滞后、短期和长期漂移、响应时间、恢复时间、交叉灵敏度、屈服比和互换性。也有许多参数变化很快，动态特性研究的就是传感器在这种输入情况下的性能特点。利用标准输入信号（如阶跃、斜坡、抛物线和正弦信号），可研究仪器的动态特性。一阶传感器的阶跃输入的输出响应是在恢复过程中达到稳态值并返回初始基值的瞬态响应。对于斜坡信号，输入信号线性变化，输出响应也是线性的。然而，对于二阶传感器，阶跃输入的输出瞬态响应可能是欠阻尼响应、过阻尼响应、临界阻尼响应。对于正弦输入，信号是谐波，响应是频率响应。利用动态阶跃响应可以确定上升时间、恢复时间、重现性、稳定时间和峰值超调量。传感器的电输出可以通过 n 阶多项式数学方程与输入参数联系起来。方程的阶数可根据传感器的复杂程度而变化。电气输出可以是电压、电流、频率（时间周期）或相位角。

5.1.5　可穿戴传感器使用中的问题和解决方法

（1）液体毒性

用于测量重要生理参数的生物体液往往具有化学腐蚀性或毒性，有可能存在某种能够通过酸攻击不可逆转地改变传感器的化学反应。采用电解质（流体）传导电流的传感器会丢失少量的分析物，需要补充电解质。

传感器经常与介质中大量的分析物接触，这会给传感器的输出产生干扰。对于多孔催化电极，一些无法去除的物质的吸附会导致孔的形态发生改变，形态改变后，有效表面积的变化会影响传感器的标定。

此外还有一些物质可能会降低反应速率，从而降低传感器的灵敏度。使用合适材料和有孔隙的过滤器有助于去掉这些分析物。分析选择膜可以提高传感器的选择性和灵敏度，但它可能会受到一些不可逆转的物质的毒害，从而导致输出漂移。例如，几分钟内牙斑就会在牙齿上形成，而其会影响可穿戴唾液传感器的性能。使用抗菌材料制成的保护涂层可以最大程度地解决这个问题。

（2）电极材料氧化

最近有文献表明，铜、银、镍、铬、铝、不锈钢、金、铂等材料已用于各种电化学传感器的生物电导率和阻抗测量。传感器的测量电极有时与分析物发生反应（氧化），导致导线电阻发生变化。用于测定体参数的电解质样品有时会促进电极氧化。与其他电极材料相比，铂电极是电化学电池中最常用的电极，因为它具有非常低的阻抗，不易被氧化。

（3）电极极化

影响传感器的另一个重要因素是电极的极化。在电极表面可能会发生法拉第反应或电荷传递。电极与电解质的接触面积与电极的极化阻抗有一定的关系，电极的极化阻抗与电极表面积成反比。当电极被浸没在导电液体中且传感器被直流电（DC）激励时，离子在电极表面区域被中和，形成沉积。电解液的沉积是由有机盐的存在或电解液的离子性质引起的，沉积过程中会有气泡产生。因为电解液的沉积会导致电极接触面积减少，所以必须充分考虑传感器在测量过程中如何保持电极表面积恒定。施加微弱的交流电（AC）可使界面上的交流电场持续变化，从而使电极极化最小化。此外，当施加电势时，电极附近会形成双层结构，选择高单元常数（L/A），可以使法拉第过程的影响最小化。这意味着可以选择较小的电极表面积（A）和较大的电极间距（L），但这会降低连接传感器的惠斯通电桥电路的灵敏度。更好的解决方案是使用多极体，利用高频低幅值的交流信号，可以使法拉第过程和双层电容降至最低。将可变电容并联到与电池相邻的桥接区域的电阻上来平衡电池的电容和电阻也是一种比较好的方法。

（4）电极的几何排列

电极结构及实现技术对电导和阻抗测量的准确性有重要影响。四电极测量有时称为四极测量，是阻抗测量的好方法。图 5-1 所示为使用不同电极结构测量血液样本电导率示意图。

在四电极结构中，励磁电流流过外部两个电极，测量内部两个电极之间的压降。在双电极结构中，在相同的两个电极上测量电流流过时产生的压降。由于阻抗-电解质界面的频率和电流密度高度相关，因此双电极电导率测量方法往往不准确。由于电极极化，因此双电极结构只适用于信号频率合适的交流电流，不适用于直流电流。使用四电极可以通过单独的励磁电极和压降解决电极极化这个问题。不过，若选择信号频率较高的交流激励，双电极结构也可适合电导率测量。具有 4 个以上电极的多极排列也可用于精确测量电导率。其他需要考虑的因素有电极的形状（矩形、圆形等）、电极的位置（垂直、水平等）以及电极之间的距离。

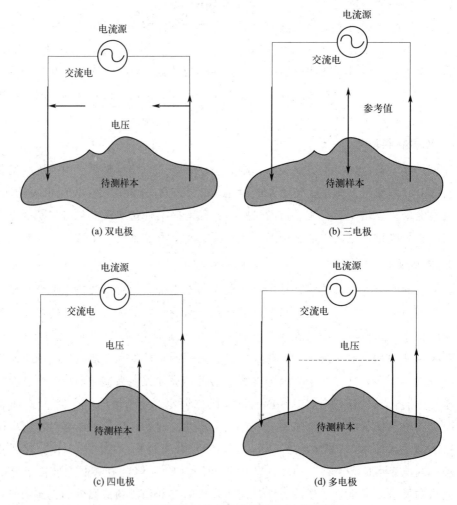

图 5-1　不同电极结构测量血液电导率示意图

5.1.6　叉指电极传感器

（1）IDE 传感器工作原理

阻抗谱法利用不同频率的小幅值时变交流信号来测量生物传感器的阻抗。该阻抗值是输出电压的均方根值与输入励磁电流的均方根值之比。这种方法可以测量活细胞的生理参数。某些病原体引起的阻抗变化可能与生理结构或离子组成及其浓度等基本生化参数的变化有关。在各种可穿戴传感器应用中，这种测量方法是一种有效的可间接非侵入式测量重要生理参数的技术。测量阻抗的重要无源敏感元件是电阻、电容。根据生理参数的组成，无源元件（电阻和电容）可以串联也可以并联。阻抗传感器可用来研究体液的介电特性和导电特性。叉指电极（IDE）是阻抗传感器中最常用的电极结构，它由传感电极和工作电极交替排列而成。该结构的重要特征是电极小型化、制造流程简单、制造成本低，而且能够在不发生重大结构变化的情况下适用于广泛的场景，并能够将电极与接口电路集成，开发用于无线测量的自主可穿戴芯片。当传感器的微电极与血液等液体样品接触时，通常可以观察到比微电极高得多的阻抗值。这个高阻抗值是在电极表面与液体样品界面上形成的界面电容或双层电容（C_{dl}）。也就是说，液体样品中存在的离子和分子的相互作用导致了C_{dl}的形成。C_{dl}与电极和液体样品的接触面积成正比。此外，C_{dl}与频率相关，在低频（低于 1kHz）时测量误差较大。因此，需要优化 IDE 的结构和激励频率，以降低界面阻抗，提高传感器的性能，同时将频率提高至更高的值。图 5-2（a）所示为测量流体电导和电容的传统平面 IDE 结构示意图。IDE 主要参数有叉指个数 N、叉指间隙 G、叉指宽度 W、叉指长度 L、电极表面积 A。励磁交流电源连接在工作电极和传感电极之间。IDE 传感器的响应特性受电极数量、波长、工作电极与传感电极之间的距离、IDE 的表面积和待测参数的影响。IDE 可以沉积在传感膜的顶部或底部。简化后的传感器等效电路如图 5-2（b）所示，这种等效电路已在多篇文献中被报道过。该电路由双层电容 C_{dl} 和介质电阻 R_x 串联后与介质电容 C_x 并联而成。每个工作电极和传感电极在电极-电解质界面形成 C_{dl} 电容，以便传感器的物理建模。C_{dl} 的大小取决于电极的材料和液体介质的组成成分。对于共面 IDE，C_{dl} 可以由 $C_{dl} = 0.5 \times AC_{dl\text{-}surface}$ 近似得出，其中 $A = WLN$，$C_{dl\text{-}surface}$ 为高离子浓度介质的斯特恩层电容，$C_{dl\text{-}surface} = 10 \sim 20 \mu F/cm^2$。但是，$C_{dl}$ 可以被恒定相位阻抗所代替。CPI 在拉普拉斯域中的阻抗可以表示为：

$$Z(s) = QS^{-\alpha} = Q(j\omega)^{-\alpha} = \frac{Q}{\omega^{\alpha}} < \left(-\frac{\pi}{2}\alpha\right) \tag{5-1}$$

其相位角不随信号频率而改变，但取决于分数指数值 α。R_c 是引线的串联接触电阻，其值可以忽略不计。R_x 和 C_x 是表示生理参数的等效电路的主要组成部分。

传感器的阻值取决于液体的导电性和传感器常数 K_Z：

$$R = K_Z / \sigma_x \tag{5-2}$$

其中：

$$K_Z = \frac{2}{(N-1)L} \times \frac{P(k)}{P(\sqrt{1-k^2})} \tag{5-3}$$

$$P(k) = \int_0^1 \frac{1}{\sqrt{(1-t^2)(1-k^2t^2)}} dt \tag{5-4}$$

$$k = \cos\left(\frac{\pi}{2} \times \frac{W}{G+W}\right) \tag{5-5}$$

式中，t 为电极厚度；σ_x 为面电荷密度。

函数 $P(k)$ 是一个不完全椭圆积分。传感器常数 K_Z 完全取决于传感器的几何参数

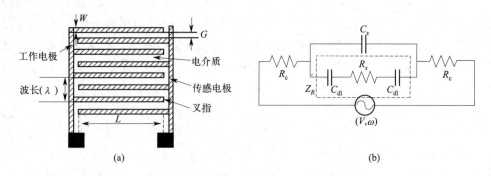

图 5-2 传统的叉指电极结构（a）阻抗传感器的等效电路（b）

（N、L、G、W），如果 K_Z 已知，通过测量传感器的电阻，可由式（5-2）确定流体的电导率。传感器电容值可表示为：

$$C_x = \frac{\varepsilon_0 \varepsilon_x}{K_Z} \tag{5-6}$$

（2） IDE 传感器的结构优化

当忽略传感器的接触电阻时，传感器的阻抗可表示为：

$$Z = \frac{Z_R}{1 + \mathrm{j}\omega C_x Z_R} \tag{5-7}$$

其中，$Z_R = R_x + \dfrac{2}{\mathrm{j}\omega C_{\mathrm{dl}}}$，将其代入式（5-7），则有：

$$Z = \frac{R_x + \dfrac{2}{\mathrm{j}\omega C_{\mathrm{dl}}}}{1 + 2\dfrac{C_x}{C_{\mathrm{dl}}} + \mathrm{j}\omega C_x R_x} \tag{5-8}$$

阻抗传感器的频率响应曲线如图 5-3 所示。该响应有 3 个区域，当信号频率大于 f_{h} 时，响应位于区域 3 中，介质电容 C_x 占主导地位，总阻抗接近介质电容 C_x 的阻抗。当频率小于 f_1 时，响应位于区域 1 中，双层电容对总阻抗的贡献最大。当频率大于 f_1 但小于 f_{h} 时，响应位于区域 2 中，总阻抗由溶液的电阻决定。频率在 f_{h} 以下的总阻抗 $Z \approx Z_R$，且频率由下式给出。

$$f_1 \approx \frac{1}{\pi R_x C_{\mathrm{dl}}} = \frac{\sigma_x}{0.5\pi W L N C_{\mathrm{dl\text{-}surface}} K_Z} = \frac{\sigma_x}{0.5\pi C_{\mathrm{dl\text{-}surface}} K_G K_Z} \tag{5-9}$$

式中，$K_G = WLN$。

在区域 2 中，导电灵敏度较高，且电导率与信号频率无关。

在区域 3 中，双层电容可以忽略不计，阻抗为：

$$Z = \frac{R_x}{1 + \mathrm{j}\omega R_x C_x} \tag{5-10}$$

边界处的频率为：

$$f_{\mathrm{h}} = \frac{1}{2\pi R_x C_x} = \frac{\sigma_x}{2\pi \varepsilon_0 \varepsilon_x} \tag{5-11}$$

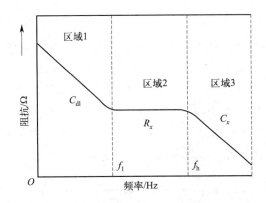

图 5-3 阻抗传感器在离子介质中的频率响应曲线

高频与几何参数无关，低频与几何参数有关。因此，优化几何结构可以降低频率，扩大频率范围。

为使式（5-9）中的导电灵敏度最大化，$(K_G \times K_Z)$ 应取最大值。通过增加 W，在增加 K_G 的同时可使传感器常数 K_Z 减小。如果选择一个方形 IDE 结构，那么 IDE 的叉指长度为：

$$L = N \times (W+G) - G \tag{5-12}$$

考虑到 L（~mm）$> G$（~μm），因此 $L \approx N \times (W+G) \approx NW(1+r)$，其中 $r = G/W$，从而可得：

$$K_G K_Z = WLNK_Z = \frac{2L}{(N-1)} \times \frac{1}{(r+1)} \times \frac{P(k)}{P(\sqrt{1-k^2})} = D(N,L) \times Y(r) \tag{5-13}$$

即：

$$D(N,L) = \frac{2L}{N-1} \tag{5-14}$$

$$Y(r) = \frac{1}{r+1} \times \frac{P(k)}{P\sqrt{1-k^2}} \tag{5-15}$$

其中，式（5-14）可用以优化传感器的尺寸，式（5-15）与传感器常数相关。

为了使 K_G 最大化，需要增加 $D(N，L)$，即增加 L 并减少叉指数量。但传感器的灵敏度也取决于叉指数量，灵敏度的增加是通过增大 IDE 与被研究介质间的接触面积来实现的。因此，叉指越多，灵敏度越高。第二个因子 $Y(r)$ 同叉指间隙与叉指宽度的比值有关，该因子可通过计算不同 r 值下的 $Y(r)$ 进行优化。结果表明，通过计算不同 r 值下的 $Y(r)$ 可以得到 r 的最优值为 0.66。因此最优方形 IDE 结构的最大频率范围是 $W=1.5G$ 和 $L=(2.5N-1)G$ 时的频率。

为了提高可穿戴传感器测量生理参数的灵敏度，在传感器的总阻抗接近介质电阻 R 的频率范围内，优先选用具有最低阻抗的电极结构。因为在具有最小 K_Z 的 IDE 中，由介质引起的阻抗变化非常显著且很容易被检测到，所以这种 IDE 更适用。给定 $W=1.5G$ 的 IDE 结构，可以针对不同的叉指个数 N 对传感器常数 K_Z 进行优化。据研究，随着 N 的增加，K_Z 值会持续减小直至为 20。因此，在设计具有固定表面积的方形共面 IDE 传感器时，应遵循的优化规则是 $W=1.5G$ 和 $N \leqslant 20$。

例如，对于一个 $N=4$、面积为 $1mm^2$ 的方形 IDE，IDE 的叉指长度 $L=N(W+G)$，$W+G=L/N=1000\mu m/4=250\mu m$，然后取 $W=1.5G$，则有 $G=250\mu m/2.5=100\mu m$ 和 $W=150\mu m$。

如果 IDE 传感器要测试一个具有几乎完美的相对介电常数（电导可以忽略）的样本，那么就需要一个电容式 IDE 传感器。在许多应用中，这种类型的传感器可用于测试介质样本，如可以用这种传感器检测变压器油或食用油的质量。用来测试纯介质样本的电容式 IDE 传感器的平面半波长截面，如图 5-4 所示。

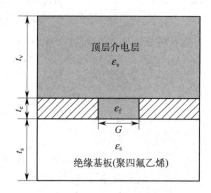

图 5-4 测量纯介质样本的电容式 IDE 传感器的平面半波长截面图

该结构包含两个工作电极和一个传感电极，分别以间距 G 放置在介电常数为 ε_s（电导率可以忽略不计）的绝缘基板上。平面电极的厚度为 t，电极间的空间中充满了介电常数为 ε_f 的介电传感膜。电极的顶部边界还有另一种介电常数为 ε_v 的电介质。在该结构中，将分别形成 3 个与介电常数 ε_v、ε_s、ε_f 对应的电容 C_1、C_2、C_3。利用第一类完全椭圆积分 $K(x)$，求得单位长度的电容之和（C_1+C_2）为：

$$C_1+C_2=\varepsilon_0\frac{\varepsilon_v+\varepsilon_s}{2}\times\frac{K\left[\sqrt{1-\sqrt{\left(\frac{G}{2W+G}\right)^2}}\right]}{K\left(\frac{G}{2W+G}\right)} \tag{5-16}$$

介电常数为 ε_f 的电容 C_3，可由下式近似给出：

$$C_3=\varepsilon_0\varepsilon_f\frac{t_e}{G} \tag{5-17}$$

工作电极和传感电极之间的半波长结构的总电容可由下式给出：

$$C_T=C_1+C_2+C_3 \tag{5-18}$$

当 IDE 传感器受到交流信号激励时，边缘电场的穿透深度取决于空间波长，即工作电极与传感电极之间的间隙，而与频率无关。不过，生化物质的介电性质可能会因信号频率的不同而发生变化。在可穿戴传感器的应用中，当只有少量体液样本可用时，传统的 IDE 传感器是一个不错的选择。IDE 传感器的另一个重要特性是无须将测试样本放置在传感电极和工作电极之间，因为电场能够穿透被测样本（SUT），所以它能够在单侧对样本进行测试。由电容和电阻组成的阻抗取决于传感器的 SUT 特性和几何结构。这些 IDE 传感器可以很方便地用于检测食源性病原菌、湿度、挥发性有机蒸气，检验海产品、肉类和生物物种等。在传统结构中，工作电极和传感电极叉指的数量是相同的。有时会在绝缘基板（聚酰亚胺）的背面设置保护电极，如图 5-5 所示。这样的结构可以消除不必要的寄生导线和接地电容，从而改善 IDE 传感器的性能。当忽略接触电阻时，该结构的等效电路如图 5-5 所示。SUT 由 (R_x, C_x) 表示，工作电极和传感电极的阻抗分别由 (R_{wg}, C_{wg}) 和 (R_{sg}, C_{sg}) 表示。V 为施加于工作电极上的交流电压源，输出采用反向运放电路。由于运放电路的虚地，R_{sg} 和 C_{sg} 最小，输出电压 V_0 基本取决于未知电阻和 SUT 的电容。同时因为具有低源阻抗的 V_s 出现在工作阻抗两端，所以在信号频率不是很高的情况下，输出基本不受影响。

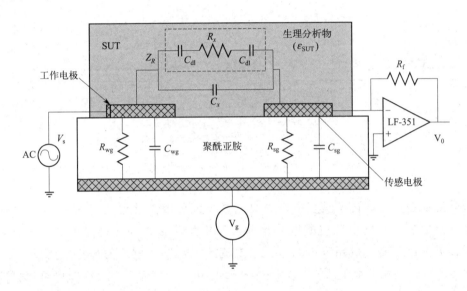

图 5-5　带有保护电极的 IDE 传感器的电路结构

　　对于改进后的 IDE 传感器结构，它们具有比工作电极更多的传感电极。在两个工作电极之间设置更多的传感电极可以提高传感器的场穿透深度参数的大小。与传统传感器相比，改进的 IDE 传感器具有更强的场穿透深度，从而使测试样本具有更好的阻抗剖面。改进后的传感器的性能和灵敏度更好。图 5-6(a) 所示为改进后的 IDE 传感器结构示意图，它的 2 个工作电极之间有 4 个传感电极。图 5-6(b) 所示为具有不同波长叉指的 IDE 传感器的场分布。小波长的场分布范围较小，而大波长的场分布范围较大。对于其他不同的传感器，保持两个相邻电极之间的有效面积和距离不变，可以设计出最佳结构。唯一变化的参数是两个工作电极之间的传感电极的数量。结果表明，在工作电极之间设置适当数量的传感电极可以使电场分布得更好，但这会减弱电场强度。尽管如此，该电场强度仍足以与 SUT 相互作用。在电场分布均匀的情况下，电容越大，被测样本的结构灵敏度越高。为了获得更好的灵敏度，还对最佳的样本厚度进行了研究。

5.1.7　电化学可穿戴传感器

　　传感器将生化参数转换成与分析物浓度成比例的可测电信号。电信号可以是电流、

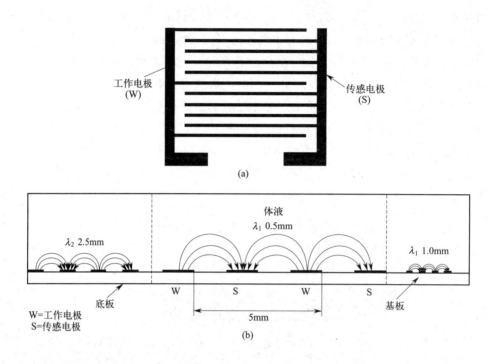

图 5-6　改进设计的 IDE 结构示意图（a）和具有不同波长叉指结构的场分布（b）

电压或阻抗的变化。电化学是指电荷或离子通过固体或液体电解质从一个电极转移到另一个电极的过程。电极反应或电荷运输可以由生化液调节，这是形成传感的基础。电化学传感器也需要形成闭合电路，这样电流才能流动。典型的电化学传感器通常由工作电极、辅助电极（对电极）、参比电极、电解液、用于检测参数的分析物样本组成。其中，工作电极通常由铂、钯或碳涂层金属等催化金属制成，该电极是实际发生反应的电极。其特殊设计就是为了增加表面积或增强催化能力以提高与分析物发生反应的速率，获得更高的灵敏度。最重要的是，它还需要化学惰性。该传感电极通过催化和多次纳米孔化来增加有效表面积。根据传感器的设计，这 3 种电极可能会使用不同的材料。由于电信号是在辅助电极和工作电极之间测量的，因而在工作电极上保持稳定且固定的电势至关重要。实际上，由于其表面的连续反应，相对于对电极的工作电极电位并不能保持恒定。为了给工作电极施加固定的电位，在对电极和工作电极之间放置了面朝工作电极的参比电极。参比电极上没有电流流入或流出。在一些电化学传感器中，工作电极上没有外加电压，因此不需要参比电极。图 5-7 所示为典型电化学传感器示意图。半透膜有时用于覆盖有催化作用的工作电极，或者用于控制到达电极表面的分析物的量，这种传感器称为膜包式传感器。这种薄膜由薄且孔隙度低的聚四氟乙烯制成。该薄膜不仅可以提供机械保护，而且还可以过滤掉不需要的颗粒。此外一些制造商提供带有接触垫的丝网印刷电极，接触垫用不同的金属（如铜、银、金、铂和镍等）制成。在市场上可买到用于多个电化学传感器的单基板丝网印刷电极，这种一次性的电极价格低廉，只需微量液体样本，可应用于环境、医疗保健和农业/食品加工等方面。传感器的电解质有助于细胞反应，将离子电荷传输到电极上，在参比电极上形成稳定的电位。电解质的组成成分应与电极材料和分析物相兼容，且应具有难挥发的特性，否则传感器的性能会恶化。通过引发特定的化学反应可在细胞中生成离子，这是对待检测目标分析物进行选择的基础。通常电化学传感器受环境压力变化的影响很小，但对环境温度的变化比较敏感，所以需要进行温度误差补偿。当然最好在使用过程中尽可能使传感器的工作温度保持稳定。

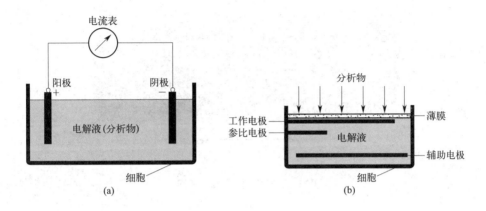

图 5-7　基本的电化学传感器（a）和电化学传感器的典型装置（b）

5.1.8　压电可穿戴传感器

压电效应是一类特殊材料所具有的特性。当对压电材料施加机械力时，它会产生与力成正比的电荷。这种效应是可逆的，即当对压电材料施加电压时，也会产生机械应力。这种特性是由材料结构的不对称造成的。当施加外力时，正、负电荷的中心彼此相对移动，形成电偶极子。很多天然或人工合成材料（比如石英、氧化锌、铌酸锂、锆钛酸铅等）都具有这种效应。该特性可用于多种传导应用。声表面波（SAW）传感器就是基于压电效应设计的。SAW 是一种由电场产生的机械波，它沿固体压电表面传播，该压电表面与空气等密度较低的介质相接触。采用压电基板制作的 SAW 传感器由 3 部分组成：①压电发射机 IDE；②具有化学选择性传感膜的传输线；③压电接收机 IDE。与发射机相连的振荡电路产生特定波长的机械波，机械波沿发射表面向接收机传播。在传输过程中，它与沉积在传感膜上的有毒物质 SUT 相互作用，对机械波进行调制，并将调制后的波重新转化为电信号形式。由于接收机 IDE 被沉积在同一压电基板上，因此机械振动被转换成电信号。接收机中的电信号与应用于发射机集成电路中的电信号不同。SAW 传感器原理如图 5-8 所示。为使发射机中的机械波向接收机向右移动，所以在左端放置一个吸收器来阻止机械波向左移动。在接收机的边缘（右端）也放置一个类似的吸收器。通常情况下，还会有一个没有传感膜的基准 SAW 传感器，从实际传感器中减去该基准传感器的信号可以使环境温度误差和漂移最小化。在没有 SUT 的初始条件下，基准和实际 SAW 传感器的工作频率相同，因此混频器信号调节电路的输出为零。发射机和接收机的 IDE 结构决定着输出信号相对于输入信号的相位、频率、延迟和幅值。压电基板决定输出信号是横波还是纵波、波速以及温度依赖性。SUT 的化学物质质量变化（Δm）导致的 SAW 设备的频率变化（Δf）可由著名的索尔布雷方程给出。

$$\Delta f = -2\Delta m f_0^2 / [A(\mu\rho)^{1/2}] \qquad (5\text{-}19)$$

式中，f_0 是基本的共振频率；A 是电极面积；μ 和 ρ 分别是石英的剪切模量和密度。

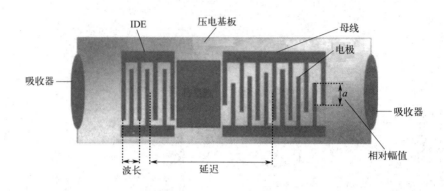

图 5-8　SAW 传感器示意图

此外，SUT 的电容和电导也会改变 SAW 传感器的频率，但由质量引起的频率变化更为显著。质量加载区的传感膜取决于需要检测的目标化学物质。为了提高灵敏度和选择性，应在质量加载区涂上目标分析物选择性聚合物膜。在某些应用中，为了提高传感器的性能，需要具有合适孔形态的金属氧化物传感膜纳米结构。因为 SUT 包含大量的化学物质，所以几乎不可能仅制造一个 SAW 设备就可以检测出样品中的多个参数。由于基于 SAW 的电子鼻（e-nose）具有不同的 SAW 传感器，可以有多种不同的灵敏度和选择性，因而非常适合用于 SUT 中多种化学物质的检测。实际上，电子鼻是一个使用响应模式的系统，该响应使用来自 SAW 传感器阵列的模式识别引擎来识别所需的化学样品并量化其浓度。SAW 电子鼻可用于检测多种化学参数，包括哺乳动物健康参数、环境参数、饮料参数以及湿度等。SAW 传感器具有低噪声、低检出限、集成电路平面制造工艺、成本低、体积小、鲁棒性高、可重现、可靠性高、响应迅速等特点，而且可以放置在密闭、不可接近的地方。它在爆炸、腐蚀、辐射等恶劣环境中仍然可以工作，并且是密封的，基本不受环境条件的影响。

5.1.9　可穿戴传感器的制造

（1）基板的选择

可穿戴传感器可采用薄膜或厚膜技术来制造。制作传感器所需的重要部件有：基板、基板上的电极图案、传感膜。传感膜可以沉积在电极图案上，也可以沉积在图案下。这些微型传感器可以缩小常规分析临床实验室的规模，满足患者对方便、舒适、体积小、操作简单灵活的需求，更重要的是具有生理参数及时可用的优点。患者可以掌握自己的身体健康状况，而不用完全依靠医生来了解。基板在穿戴舒适性和便利性方面发挥着重要作用。制造传感器的理想基板材料应具有柔软、薄、化学惰性、生物相容性、机械强度高（避免磨损）和成本低等特性。环境温度、湿度和环境中存在的有毒气体会影响传感器的性能，也会在不同程度上影响基板的性能。因此，应尽可能谨慎地选择材料，以减小由环境因素造成的误差。疏水性基板（如聚四氟乙烯）就是一种可以避免湿度误差的合适材料。

聚酰亚胺是制造柔性微电子设备（包括传感器、用于人造皮肤的触觉传感器和可印制电路板）的理想材料。这种物质的机械强度高、化学惰性强，且能够承受高达350℃的温度。它具有亲水性，可吸收高达其干质量3％的水分。该特性使传感器在预期的应用中对湿度具有交叉灵敏度。聚酰亚胺基板的生产厂家主要有杜邦公司（美国）、Upilex（日本）和Polyflon（美国）。另一种重要的柔性基板是聚四氟乙烯。当要求传感器在较高的温度下工作且对于湿度具有最小的交叉灵敏度时，基板材料选用聚四氟乙烯是一个很明智的选择。目前市场上也有利用这两种物质的优点混合制成的聚酰亚胺和聚四氟乙烯基板（杜邦公司制造）。此外，也可以用纺织品制成柔性基板，这种织物基板通常由天然羊毛、棉花、合成尼龙以及聚酯制成，具有不同的物理和化学性质。这些基板中，许多基板的单面或双面都有金属涂层，因此，不需要对电极进行金属化来制作电极图案。用于制造可穿戴传感器的各种基板包括聚对苯二甲酸乙二醇酯（PET）、聚萘二甲酸乙二醇酯（PEN）、聚酰亚胺、聚丙烯、聚氨酯（PU）、棉纱、聚酯、对二甲苯贴片、纸张等。另一类引起广泛关注的重要基板是软硅弹性体，如聚二甲硅氧烷（PDMS）、硅橡胶等。这些材料柔韧性好，可以与不同表面相容，而且具有化学惰性和生物相容性。但这些基板大多不兼容互补金属氧化物半导体（CMOS）。因此，不能使用它们来制造集成的智能传感芯片。在传感器制造中常见的其他非柔性基板还有氧化铝、掺杂氟的氧化锡（FTO）、氧化铟锡（ITO）、压电材料和硅等。

（2）基板预处理

基板的预处理是制造传感器的一个重要步骤。要对电极和传感膜进行层压，必须对基板进行适当的清洗。不洁净的颗粒可能会降低黏附薄膜的基板表面能量。通常聚合物基板的表面能量较低。用于清洗氧化铝、玻璃和硅等无机基板的方法和化学药品不适用于聚酰亚胺或其他基板材料。无论是有机污染物还是无机污染物，都可能以颗粒、薄膜的形式存在。一般清洗基板的方法包括湿法和干法。湿法清洗方法使用化学物质去除金属和有机杂质。清洗液主要包括稀盐酸、硫酸、丙酮、酒精（乙醇）、甲醇、丙醇和优质去离子水等。对于无机基板，H_2SO_4与H_2O_2之比为3:1的食人鱼溶液是目前的主流选择。最常用的去除有机杂质的仪器是紫外线清洗器，该清洗器有一个固定在带封闭盖的不锈钢腔内的紫外线灯。对于由某些金属包覆的聚酰亚胺基板，金属颗粒（如镍）会强黏附在聚酰亚胺表面，去除这些颗粒需要使用等离子体干蚀刻方法。在压力低于0.01Pa时，电离惰性气体（如氩气、三氟甲烷等）会产生射频等离子体。这种电离气体会以极高的动能撞击基板表面，除去基板表面的所有颗粒。基板使用等离子体清洗完毕后应立即沉积传感膜。Harrock Plasma公司生产的商用低压等离子清洗机（型号PDC-32G-2）可用于等离子体清洗。

（3）电极制造

① 丝网印刷方法。在叉指阻抗、电化学传感器和其他物理传感器的基板上制造电极

的工艺多种多样，主要包括丝网印刷电极、导电喷墨印刷电极和光蚀刻电极等。这些可印制传感器可以大规模生产，可以低成本地获得可靠的鲁棒性和高响应。除了手工制作外，电极也可以使用带有导电金属浆料的自动丝网印刷机来印制。为了提供选择性检测或改善催化性能，也可以对用于打印电极的浆料/油墨进行修改和定制。酶在油墨中分散可以增强对生物种类的选择。在电极制造方面，首先应根据应用借助 Ledit、Autocad、Ansys 等专用软件，选择合适的电极尺寸，设计和优化电极结构。设计的丝网模板将通过激光切割不锈钢或化学蚀刻聚合物网片制备。在丝网框的帮助下，电极图案可以通过厚膜丝网打印机转移到基板（柔性/刚性）上。先将柔性或纺织材料固定在基板上，然后使用金属浆料（银、氯化银、银钯膏、金、铂或铝）进行制造。操作人员可以调整嵌入挤压的高度和冲程。不过，丝网印刷的电极制作方法通常只适用于平坦且均匀的表面。

② 用弹性体印章制作电极。具有非平面基板的传感器需要根据表面轮廓和非均匀性来制造电极。可穿戴传感器的许多应用都要求在非均匀表面上形成电极。例如，人体大部分部位都是非均匀的，在这种情况下，具有理想电极和绝缘层图案的弹性体印章（如橡胶印章）就非常有用了。因为这些印章可以在不规则的表面（如哺乳动物的皮肤等）上形成电极图案，所以这种印章也可以用于制造以纺织品为基板的电化学/阻抗传感器。目前已经有研究小组开发出可以直接在人体表皮上打印电极图案的弹性体印章。该方法采用黏度合适的导电油墨将可穿戴传感器的电极打印在皮肤上。文身传感器是表皮传感器的一种新设计方法，通过在刺青纸上用选择性酶传感膜打印电极/绝缘层而制成。因为这种电极可以以非侵入方式利用人体汗液中乳酸产生的电能，所以可以作为生物燃料电池为可穿戴传感器提供电能。

③ 喷墨打印技术。因为印刷电路中的传感设备集成了可穿戴应用的电子电路，所以可采用喷墨印刷的方法在 PCB 或纸上以印刷形式制造电极。这些印刷电子设备操作简单、携带方便，近年来在有毒气体检测、食品检测、饮料质量检测、生理参数监测等不同应用中发挥了重要的作用。该技术涉及电极/传感膜油墨的沉积，因此通过印刷设备以射流的形式印刷。一个典型应用就是在纸质基板上研制的酶功能化纳米颗粒传感器，该传感器可用于细菌检测。在制造过程中，使用特定的酶对金纳米颗粒进行功能化，然后用喷墨打印方式将材料打印在纸质基板上。例如，用 β-半乳糖苷酶和金纳米颗粒制成传感材料、以酚红 β-半乳糖苷为基板的传感器，在细菌存在的情况下，传感器的颜色会从淡黄色变为紫色。

目前，金、银、铜等金属纳米颗粒在功能化电化学/阻抗传感器的制造中发挥着重要作用。它们的合成方法各不相同，其中一种方法是在 80℃ 下搅拌乙酸银和油酸的混合物来合成银纳米颗粒，然后加入乙酸锡，并在 120℃ 下加热，最后将所得溶液与丙酮/甲醇相混合，析出颗粒。

④ 气相沉积技术。也可以利用铝、金、铂、银和镍铬合金等金属的热蒸发或溅射制成具有适当几何形状的微电极。例如，在硅片上制造 IDE 传感器时，首先要使用上面提到的标准方法对硅片进行适当的清洗，去除杂质和污染物；接着使用任意一种金属气相沉积技术在基板上沉积金属薄膜；然后在电极上沉积一层聚合物光刻胶薄膜，在紫外线照射下，利用光刻掩膜将 IDE 的设计转移到硅片上，通过在蚀刻液（湿或干）中浸渍图案基

板，去除未遮盖的区域；最后用乙醇清洗晶圆片，并用干燥的氮气来干燥。

（4）传感膜的沉积

对于 IDE 阻抗传感器或电化学传感器，基板上没有传感膜的裸电极模式可以用于检测某些人体参数。但为了提高传感器的灵敏度和选择性，检测特定的生物物质时仍需要传感膜。催化电极可以提高电极的灵敏度和选择性，也可以使用高分子聚合物、酶或金属氧化物的传感膜。在实际应用中，应根据应用需求（比如目标生理参数、工作环境的稳定性等），选择合适的传感材料。大多数可穿戴传感器和 SUT 都会受环境温度和湿度变化的影响，因此有必要选择耐热、性质稳定和防水的材料。同时需要对这些参数的影响进行仔细研究，并利用模拟/数字/软件技术进行必要的误差补偿。为了提高传感器的灵敏度和选择性，也可以制备样品选择性纳米结构薄膜。纳米结构薄膜可以以纳米孔、纳米线、纳米棒和纳米纤维等多种形式提供非常大的有效表面积，有助于提供更好的功能。纳米结构材料表面粗糙，有助于 SUT 黏附。为了提高传感器的性能，必须对其表面的形貌、薄膜厚度、平均孔径和孔径分布等进行优化。制备纳米结构薄膜的方法有电化学阳极氧化法、溶胶-凝胶法、溅射法等。电化学阳极氧化法和溶胶-凝胶法是低成本的简单化学方法，这两种方法广泛用于制备钛酸锆、钛酸铬镁、氧化铝、氧化锌、氧化钛、氧化石墨烯（GO）等无机材料的纳米结构。

氧化铝纳米线的制备涉及以下步骤：①阳极氧化铝模板（AAO）的超声清洁；②在电化学溶液存在下的电抛光；③阳极氧化（恒电势/电流）；④使用合适的化学溶液进行蚀刻；⑤纳米孔开孔；⑥溅射；⑦电极沉积；⑧纳米线的释放。所有步骤必须在无尘室内谨慎执行。电流密度、电解质浓度、阳极氧化时间和基体电阻率都是非常重要的参数。通常，阳极氧化在单池或双池的聚四氟乙烯电池中进行，电解液要求使用惰性阴极电极，如铂或金。电极可以以网状或固体形式存在，阳极电极材料可以是铜、黄铜或石墨。当然这些参数可能因材料而异。例如，用纯铝带制备多孔氧化铝时，电解液应该是稀硫酸或草酸，而在制备多孔硅时，电解液应该是氟化氢（HF）和乙醇/甲醇溶液的混合物。

制备氧化铝纳米多孔结构的溶胶-凝胶法则涉及以下步骤：①水（过量）和铝醇盐混合溶液的水解；②加入少量盐酸（HCl）或硝酸（HNO_3）制成溶胶；③溶胶回流，去除挥发性有机杂质；④添加黏合剂（例如聚氯乙烯）；⑤在玻璃或氧化铝基板上沉积薄膜。

在不同温度下，烧结氧化铝薄膜可以制备出不同相的氧化铝，如 γ-Al_2O_3、β-Al_2O_3 以及非常稳定的 α-Al_2O_3。材料的孔隙形貌由溶胶的形成参数和烧结条件来控制。氧化铝陶瓷传感器具有灵敏度高、响应时间短、滞后小、重现性高、温度稳定性高，以及可以低成本且低批量制造、集成信号调制功能等重要特点。

通过化学或物理方法附在传感器表面的传感膜可以是固体吸附剂、化学试剂、吸附液体或聚合物。该膜作为一种生物流体敏感性和选择性器件，可以采集环境中质量有限的某些特定流体。涂层的特定物理或化学性质发生变化时会产生电信号。传感器与一个或多个生理参数相互作用产生的电信号刺激构成了检测和量化所测物质的基础。薄膜的厚度应均匀无裂纹，并与表面适当黏附。三种重要的涂层方法为溶液法、真空沉积法和气相沉积法。其中溶液法是最简单且成本最低的方法，它要求涂层材料溶于一种不会腐蚀器件表面的化学溶剂中，一旦涂层材料溶解，溶液就会沉积在表面，溶剂蒸发后就会留下所需的涂层材料。常用的溶液法有注射器沉积、小刷子或棉签刷涂、浸涂、喷涂、旋涂、静电纺丝和喷墨打印等。黏度是薄膜沉积溶液的一个重要参数。喷涂利用一种使用压缩气体推进剂的雾化喷嘴向传感器表面喷洒稀释涂层，细小的雾化溶液会黏附在一起，溶剂蒸发后就留下一层不易挥发的涂层。这种工艺形成的涂层厚度是均匀的，但是存在和注射沉积膜、刷涂膜同样的问题：涂层会有一些不规则的纹理和覆盖。旋涂膜一般具有良好的均匀度和膜厚重复性，商用旋涂机将基板固定在自动旋转匀胶机的真空吸盘上，该吸盘以每分钟数百至数千转的转速旋转，溶剂挥发后沉积成膜，薄膜的均匀性和厚度重复性通常都很好。通过控制转速、滴液量以及所用溶液的浓度、黏度来控制膜的厚度。浸涂法可用于大面积的薄膜沉积，但薄膜均匀性不佳，还需加以解决。还有一种技术是滴涂法，即只用几滴溶液沉积薄膜。

5.1.10 可穿戴传感器的应用

可穿戴的物理和化学传感器应用非常广泛。研究人员已经对可穿戴传感器的制造及其人体参数的测量特性进行了深入研究，研制出了不同类型的可穿戴传感设备。比如，已经研制出了一种集成多种传感器的智能可穿戴服装，它通过印制在衣服上的弹性印章传感电极，可以很方便地监测心电图、肌电和运动等多种生理参数。这件衣服上还嵌有其他传感器以记录和监测与呼吸和运动相关的胸腹信号。还有在 PDMS 基板上制作的具有高灵敏度的柔性可拉伸压力传感器，它可以很方便地连接到人体的任何部位以监测皮肤张力和肌肉运动。此外还有多参数全碳皮肤传感器，它可用于检测触觉、湿度、温度等多个物理参数以及一些其他生理参数。这种传感器基于压容特性来工作，其结构由碳纳米管（CNT）微丝电路和在 PDMS 基板上可拉伸的弹性体介质组成。还有在 PU 基板上使用金传感膜制成的用于测量温度的皮肤传感器，这种传感器对空气和水蒸气具有良好的渗透性，疏水性能好，但对水滴和细菌不渗透。基于微流体的可穿戴传感技术因其灵敏度高、适应性强、尺寸小、功耗低、制造成本低等特点，近年来发展迅速。固态传感器会存在塑性变形、传感膜分层和有裂纹等问题，而液态传感器使用的液体样品的形状很灵活，因此在可穿戴应用领域更具发展潜力。共晶镓铟（EGaIn）是最常用的液态金属之一，其电导率与铜相近，本身无毒。可以使用不同的液体活性元素制备不同的传感器，比如，利用离子液体填充微流体通道制备的带有电流体电路的液位压力传感器，该传感器包括夹在底部微流体通道层和顶部电流体电路层之间的一层 PDMS 薄膜。再如，用于测量假肢手运动的软应变传感器，该传感器使用两种电阻率不同的液体样本，以由 NaCl 和甘油组成的高阻液体溶液作为活性元素，以极低阻 EGaIn 作为一种软导电导线。还如，用于柔性触觉感知的基于液体离子的微滴阵列，该传感器基于液滴启动界面电容传感机制，每个传感元件由一个纳米颗粒液滴组成，该液滴位于两层具有透明电极图案的柔性聚合物膜之间。

此外，内含多个传感器阵列的人造电子皮肤传感器可以检测三维触觉、滑移/摩擦力以及温度变化。这种电子皮肤传感器采用丝网印刷的方法，在聚酯薄膜的应变和温度传感器之间夹了一个 3×3 阵列指纹状结构的器件。每个阵列单元由 4 个应变传感器和 1 个温度传感器组成。当力和温度发生变化时，传感器阵列的电阻就会发生相应的变化。研究人员在柔性 PDMS 基板上开发了一种小型多参数多壁碳纳米管纳米复合传感器，将该传感器放置在皮肤上，可以对人体运动时的肢体幅度进行分析。在化学参数检测方面，目前已有用于测量和监测人唾液中乳酸含量的口腔电流传感器，以及检测金黄色葡萄球菌的口腔电阻传感器，它们都具有无线传输功能。其中用于检测乳酸的口腔电流传感器是在 PET 柔性基板上制备的，聚合物传感膜沉积在碳金属电极上。用于细菌监测的传感器是在石墨烯改性丝绸基板上通过抗菌肽的生物功能化，在 IDE 结构上制作而成的，具有良好的灵敏度和选择性，响应时间快。

最近开发的一种人造软组织视网膜在功能上与天然视网膜非常接近，它可以取代大多数坚硬的基于硬物质的视网膜。由于人眼是非常敏感的，因此基于硬物质的人工视网膜会损害眼睛。新设计的软合成材料视网膜具有水凝胶和生物细胞蛋白质，这些细胞蛋白质就像照相机中的一个像素，对光线进行检测和反应，从而生成物体的灰度图。

5.1.11　总结

目前，可穿戴传感技术是一个非常重要的研究领域，已经有许多商用产品可监测某些人体参数，其中许多产品有望在不久的将来上市。本节还讨论了利用可穿戴阻抗和电化学传感器进行非侵入式化学参数测量的重要性。从工作原理、电极材料、电极结构、基板材料、柔韧性、传感膜的沉积等方面对化学物质的安全、耐用、灵敏度和选择性检测等相关问题进行了探讨。因为未来还有很多人体参数需要研究，所以需要开发新的可穿戴传感器。此外，为了能使用户方便地将数据无线传输到智能终端，需要开发集成无线设备的可穿戴传感器。

5.2　生物芯片

5.2.1　生物芯片概述

5.2.1.1　生物芯片的概念

生物芯片（biochip）起源于 DNA 分子杂交技术与半导体技术的结合。该技术是指将大量探针分子固定于支持物上，然后与带荧光标记的 DNA 或其他样品分子（如蛋白因子或小分子）进行杂交，通过检测每个探针分子的杂交信号强度，进而获取样品分子的数量和序列信息。

生物芯片根据生物分子间特异性相互作用的原理，将生化分析过程集成于芯片表面，从而实现对 DNA、RNA、多肽、蛋白质以及其他生物成分的高通量快速检测。狭义的生物芯片是指通过不同方法将生物分子（寡核苷酸、cDNA、gDNA、多肽、抗体、抗原等）固着于硅片、玻璃片（珠）、塑料片（珠）、凝胶、尼龙膜等固相介质上形成的生物分子点阵，因此生物芯片技术又称微阵列技术。含有大量生物信息的固相基质称为微阵列，又称生物芯片。在此类芯片的基础上，又发展出微流控芯片（microfluidic chip），亦称微电子芯片，也就是缩微实验室芯片。简单地说，生物芯片就是在一块玻璃片、硅片、尼龙膜等材料上放上生物样品，然后由一种仪器收集信号，用计算机分析数据结果。

人们可能很容易把生物芯片与电子芯片联系起来。事实上，两者的确有一个最基本的共同点：在微小尺寸上具有海量的数据信息。但它们是完全不同的两种东西，电子芯片上布列的是一个个半导体电子单元，而生物芯片上布列的是一个个生物探针分子。芯片的概念取自于集成的概念，如电子芯片的意思就是把大的东西集成在一起变成小的东西。生物芯片也是集成的，不过是生物材料的集成。同实验室检测一样，在生物芯片上检查血糖、蛋白质、酶活性等，是基于同样的生物反应原理。因此，生物芯片就是一个载体平台，这个平台的材料有很多种，如硅、玻璃、膜（纤维素膜）等，还有一些三维结构的多聚体，平台上则密密麻麻地布满了各种生物材料。芯片只是一个载体，做什么东西、检测什么，还要由实验目的来决定。也就是说，原来在很大的实验室中需要的很多个试管的反应，现在被移至一张芯片上同时发生了。

5.2.1.2　生物芯片的研究现状

（1）国外生物芯片研究现状

进入 21 世纪，随着生物技术的迅速发展，电子技术和生物技术相结合诞生了半导体芯片的"兄弟"——生物芯片，这给人们的生活带来一场深刻的革命，这场革命对全世界的可持续发展都会起到不可估量的作用。

生物芯片技术的发展最初得益于萨瑟恩（Southern）提出的印迹杂交理论，即标记的核酸分子能够与被固化的与之互补配对的核酸分子杂交。从这一角度而言，Southern 印迹杂交可以被看作生物芯片的雏形。桑格（Sanger）和吉尔伯特（Gilbert）发明了现在广泛使用的 DNA 分子内核苷酸序列的测定方法，并因此在 1980 年获得了诺贝尔奖。另一位诺贝尔奖获得者穆利斯（Mullis）在 1983 年首先发明了聚合酶链式反应（polymerase chain reaction，PCR），后来在此基础上的一系列研究使得微量的 DNA 可以放大，并能用实验方法进行检测。

生物芯片这一名词最早是在 20 世纪 80 年代初提出的，当时主要指分子电子器件。它是生命科学领域迅速发展起来的一项高新技术，主要是指通过微加工技术和微电子技术在固体芯片表面构建的微型生物化学分析系统，可实现对细胞、蛋白质、DNA 以及其他生物组分的准确、快速、大信息量的检测。美国海军实验室研究员卡特等试图把有机功能分子或生物活性分子进行组装，以构建微功能单元，实现对信息的获取、贮存、处理和传输等功能，从而产生了分子电子学，同时取得了一些重要进展，如分子开关、分子贮存器、分子导线和分子神经元等分子器件，更引起科学界关注的是建立了基于 DNA 或蛋白质等分子计算的实验室模型。

进入 20 世纪 90 年代，人类基因组计划（human genome project，HGP）和分子生物学相关学科的发展，也为基因芯片技术的出现和发展提供了有利条件。与此同时，另一类生物芯片引起了人们的关注，即通过机器人自动打印或光引导化学合成技术在硅片、玻璃、凝胶或尼龙膜上制造的生物分子微阵列，实现对化合物、蛋白质、核酸、细胞或其他生物组分准确、快速、大信息量地筛选或检测。

与生物芯片发展相关的一些重大事件如下：

1991 年 Affymatrix 公司福德（Fodor）组织半导体专家和分子生物学专家共同研制出利用光蚀刻光导合成多肽。

1992 年运用半导体照相平板技术，对原位合成制备的 DNA 芯片作了首次报道，这是世界上第一块基因芯片。

1993 年设计了一种寡核苷酸生物芯片。

1994 年提出用光导合成的寡核苷酸芯片进行 DNA 序列的快速分析。

1995 年斯坦福大学布朗（Brown）实验室发明了第一块以玻璃为载体的基因微矩阵芯片。

1996 年灵活运用了照相平版印刷、计算机、半导体、激光扫描共聚焦显微镜、寡核苷酸合成及荧光原位杂交等多学科技术，创造了世界上第一块商业化的生物芯片。

2001 年全世界生物芯片市场已达 170 亿美元，用生物芯片进行药理遗传学和药理基因组学研究涉及的世界药物市场每年约 1800 亿美元。

2000—2004 年，应用生物芯片的市场销售达到 200 亿美元左右。

2004 年 3 月，英国著名咨询公司 Frost & Sullivan 公司出版了关于全球芯片市场的分析报告《世界 DNA 芯片市场的战略分析》。报告认为，全球 DNA 生物芯片市场平均每年增长 6.7％，2003 年的市场总值是 5.96 亿美元，2010 年将达到 93.7 亿美元。纳侬市场（Nano Markets）调研公司预测，以纳米器械作为解决方案的医疗技术将在 2009 年达到 13 亿美元，并在 2012 年增加到 250 亿美元，其中以芯片实验室最具发展潜力，市场增长率最快。

2005 年，仅美国用于基因组研究的芯片销售额即达 50 亿美元，2010 年又上升为 400 亿美元，这还不包括用于疾病预防和诊治及其他领域中的基因芯片，部分预计比基因组研究用量还要大上百倍。因此，基因芯片及相关产品产业将取代微电子芯片产业，成为 21 世纪最大的产业。

2012 年 12 月，三位美国科学家获得了美国专利及商标局（USPTO）授予的一项关于量子级神经动态计算芯片的专利，该芯片功能强大，能够通过高速非标准运算模拟解决问题，将为未来量子计算领域的发展起到巨大的推动作用。该电脑芯片是生物过程和物理过程的结合，通过模仿生物系统在接口界面运用突触神经元连接并反馈学习，有潜力赋予计算机超强的运算能力和超快的速度，可广泛用于军用和民用领域。

（2）我国生物芯片研究

我国生物芯片研究始于 1997—1998 年，尽管起步较晚，但是技术和产业发展迅速，实现了从无到有的阶段性突破，并逐步发展壮大，生物芯片已经从技术研究和产品开发阶段走向技术应用和产品销售阶段，在基因表达谱芯片、重大疾病诊断芯片和生物芯片的相关设备研制上取得了较大成就。

在激烈的国际竞争中，我国生物芯片产业不仅实现了跨越式的发展，而且已经走出国门，成为世界生物芯片领域一股强大的力量。例如，我国科学家自主研制的激光共焦扫描仪向欧美、韩国等地区的出口订单已经达到百台级规模，实现了我国原创性生命科学仪器的首次出口，预计未来几年将保持更高速度的增长，这标志着我国生物芯片企业正式迈入国际领先者行列。

我国生物芯片技术发展迅速，"十五"期间中国生物芯片研究共申请国内专利356项，国外专利62项。2005年4月，由科技部组织实施的国家重大科技专项"功能基因组和生物芯片"在生物芯片产业取得阶段成果，诊断检测芯片产品、高密度基因芯片产品、食品安全检测芯片、拥有自主知识产权的生物芯片创新技术等一系列成果蜂拥而出。2005年，由南开大学王磊博士任首席科学家的国家"863"专项——"重要病原微生物检测生物芯片"课题组经过潜心科研攻关，取得重大成果，"重要致病菌检测芯片"第一代样品研制成功，并且开始制订企业和产品的质量标准，这标志着我国第一个具有世界水平的微生物芯片研究进入产业化阶段，从而使天津市建设成世界级微生物检测生物芯片研发和产业化基地，向抢占全球生物芯片研发制高点迈出历史性的一步。

2005年4月26日，我国生物芯片产业的骨干企业北京博奥生物芯片有限责任公司（生物芯片北京国家工程研究中心）和美国昂飞公司（Affymetrix）建立战略合作关系，并共同签订了《生物芯片相关产品的共同研发协议》和《DNA芯片服务平台协议》两个重要的全面合作协议，这对我国生物芯片产业来说是一个历史性的时刻，也标志着以博奥生物为代表的中国生物芯片企业，已在全球竞争日益激烈的生物芯片产业中跻身领跑者方阵。

2006年，生物芯片北京国家工程研究中心成功研制了一种利用生物芯片对骨髓进行分析处理的技术，这在全球尚属首次，可以大大提高骨髓分型的速度和准确度。这种用于骨髓分型的生物芯片，只有手指大小，仅一张就可以存储上万人的白细胞抗原基因。过去在我国，这种技术长期依赖进口，价格很高，每进行一份骨髓分型，就要支付500元的费用。而这种芯片的造价只是国外的1/3，精密度可以超过99%，比国外高出好几个百分点。

2006年3月，西安交通大学第二附属医院检验科何谦博士等成功研发出丙型肝炎病毒（HCV）不同片段抗体蛋白芯片检测新技术。该技术的问世，为丙型肝炎患者的确诊、献血人员的筛选及治疗药物的研发等，提供了先进的检测手段。

2006年7月，中国科学院力学研究所国家微重力实验室靳刚课题组，在中国科学院知识创新工程和国家自然科学基金项目的资助下，成功研制出"蛋白质芯片生物传感器系统"及其实用化样机，目前已实现乙肝五项指标同时检测、肿瘤标志物检测、微量抗原抗体检测、SARS抗体药物鉴定、病毒检测及急性心肌梗死诊断标志物检测等多项应用实验，全程约40min，只需几十微升血液。该项研究成果有望为我国的生物芯片技术开辟新的途径。同年，由东北大学方肇伦院士领衔国内10家高校、科研单位共同打造的芯片实验室"微流控生物化学分析系统"通过验收，该项研究成果将使我国医疗临床化验发生革命性变革，彻底改变了我国在微流控分析领域的落后面貌。中国人民解放军第四军医大学预防医学系郭国祯采用辐射生物学效应原理，应用Mpmbe软件设计探针筛选参与辐射生物学效应的基因，成功研制出一款由143个基因组成的电离辐射相关低密度寡核苷酸基因芯片，该芯片为检测不同辐射敏感性肿瘤细胞的差异表达基因提供了一个新的技术平台。

对于我国生物芯片工业，目前主要存在以下几个关键问题：

① 制作技术方面。芯片制作技术原理并不复杂，就制作涉及的每项技术而言，我国已具有实际制作能力，但我国发展生物芯片的难点是如何实现各种相关技术的整合集成。

② 基因、蛋白质等前沿研究。除制作技术外，关键问题还有芯片上放置的基因和蛋白质等物质。如果制作用于检测核苷酸多态性以诊断某种遗传病，或者用于基因测序，那么芯片探针上一般放置的是有 8 个碱基的寡核苷酸片段，基因芯片和蛋白质芯片则相应放置的是基因标志性片段表达序列标签（EST）、全长基因或蛋白质。因此制作生物芯片首先要解决的是 DNA 探针、基因以及蛋白质的全面和快速收集。

③ 专利和产权。以生物芯片技术为核心的各相关产业正在崛起，一个不容忽视的问题就是专利和产权的保护问题。有专家指出，世界工业发达国家已开始有计划、大投入、争先恐后地对该领域知识产权进行跑马圈地式的保护。北京国家工程研究中心主任程京教授说："就生物芯片领域而言，目前全世界都在'跑马圈地'，专利和自主产权比什么都重要。我们不能再像计算机芯片那样受制于人。"现在，科学家、企业家和金融界已经联起手来，组成了结构上更为合理、运作上更具可操作性的商业运行构架，通过全球定位布局，建立产权结构清晰的公司，为生物芯片在中国的产业化奠定良好基础。

5.2.1.3　生物芯片的分类

生物芯片包含的种类较多，分类方式也没有完全的统一，目前主要的分类方式有以下几种。

（1）根据用途分类

① 生物电子芯片。用于生物计算机等生物电子产品的制造。

② 生物分析芯片。用于各种生物大分子、细胞、组织的操作以及生物化学反应的检测。

目前，生物电子芯片在技术和应用上很不成熟，一般情况下所指的生物芯片主要为生物分析芯片。

（2）根据作用方式分类

① 主动式芯片。主动式芯片是指把生物实验中的样本处理纯化、反应标记及检测等多个步骤集成，通过一步反应就可主动完成。其特点是快速、操作简单，因此有人又将它称为功能生物芯片，主要包括微流控芯片和缩微芯片实验室（也称为芯片实验室，是生物芯片技术的高境界）。

芯片实验室是用于生命物质分离、检测的微型化芯片。目前，已经有不少研究人员试图将整个生化检测分析过程缩微到芯片上，形成所谓的"芯片实验室"。芯片实验室是生物芯片技术发展的最终目标。它将样品的制备、生化反应到检测分析的整个过程集约化，形成微型分析系统。由加热器、微泵、微阀、微流量控制器、微电极、电子化学和电子发光探测器等组成的芯片实验室已经问世，并出现了将生化反应、样品制备、检测和分析等部分集成的芯片。芯片实验室可以完成诸如样品制备、试剂输送、生化反应、结果检测、信息处理和传递等一系列复杂工作。这些微型集成化分析系统携带方便，可用于紧急场合、野外操作甚至放在航天器上。例如，可以将样品的制备和 PCR 扩增同时完成于一块小小的芯片之上。再如，Gene Logic 公司设计制造的生物芯片可以从待检样品中分离出 DNA 或 RNA，并对其进行荧光标记，当样品流过固定于栅栏状微通道内的寡核苷酸探针时便可捕获与之互补的靶核酸序列，应用其开发的检测设备即可实现对杂交结果的检测与分析。由于寡核苷酸探针具有较大的吸附表面积，这种芯片可以灵敏地检测到稀有基因的变化。同时，由于该芯片设计的微通道具有浓缩和富集作用，可以加速杂交反应、缩短测试时间，从而降低了测试成本。

② 被动式芯片。被动式芯片即各种微阵列芯片，是指把生物实验中的多个实验集成，但操作步骤不变。其特点是高度的并行性，目前大部分芯片属于此类。这类芯片主要是获得大量的生物大分子信息，最终通过生物信息学进行数据挖掘分析，因此这类芯片又称为信息生物芯片。被动式芯片包括基因芯片、蛋白质芯片、细胞芯片和组织芯片等。

（3）根据成分分类

① 基因芯片（gene chip）。基因芯片又称 DNA 芯片（DNA chip）或 DNA 微阵列（DNA microarray），是将 cDNA 或寡核苷酸按微阵列方式固定在微型载体上制成的。

② 蛋白质芯片（protein chip）。蛋白质芯片是将蛋白质或抗原等一些非核酸生命物质按微阵列方式固定在微型载体上。芯片上的探针构成为蛋白质，或芯片作用对象为蛋白质的芯片统称为蛋白质芯片。

③ 细胞芯片（cell chip）。细胞芯片是将细胞按照特定的方式固定在载体上，以检测细胞间相互影响或相互作用。

④ 组织芯片（tissue chip）。组织芯片是将组织切片等按照特定的方式固定在载体上，以进行免疫组织化学等组织内成分差异研究。

⑤ 糖芯片（carbohydrate microchip）。糖芯片是一种研究微量糖与生物大分子之间相互作用的生物检测技术，因其具有用量少、快速、高效和高通量等特点，现已被广泛应用到药物开发、免疫学、临床诊断和细菌检测等诸多领域。

5.2.1.4 生物芯片的制备

芯片制备方法包括原位合成和预合成后点样。

（1）原位合成

原位合成适用于寡核苷酸，通过光引导蚀刻技术实现。

（2）预合成后点样

预合成点样是将提取或合成好的多肽、蛋白质、寡核苷酸、cDNA、基因组 DNA 等通过特定的高速点样机器人直接点在芯片上。该技术优点在于相对简易、价格低廉，被国内外广泛使用。有 2 种点样方式：

① 接触式点样。是指打印针从多孔板取出样品后直接打印在芯片上，打印时针头与芯片接触。此方式的优点是探针密度高，通常 $1cm^2$ 可打印 2500 个探针；缺点是定量准确性及重现性不太好。

② 非接触式点样。针头与芯片保持一定距离。其优点是定量准确、重现性好，缺点是喷印的斑点大、密度低。通常 $1cm^2$ 只有 400 个探针。但是日本佳能公司能把喷印点直

径大小由 $100\sim150\mu m$ 降到 $25\sim30\mu m$，使将哺乳动物整个基因组 DNA 点阵于一张芯片上成为可能。

5.2.1.5　生物芯片的应用

目前生物芯片的最大用途在于疾病检测，主要应用在以下方面。

（1）基因表达水平的检测

用基因芯片进行的表达水平检测可自动、快速地检测出成千上万个基因的表达情况。cDNA 微阵列可以检测不同基因表达的差异，并能被荧光素交换标记对照和处理组及 RNA 印迹方法证实。

（2）基因诊断

从正常人的基因组中分离出 DNA，然后与 DNA 芯片杂交就可以得出标准图谱。从病人的基因组中分离出 DNA 与 DNA 芯片杂交就可以得出病变图谱。通过比较、分析这两种图谱，就可以得出病变的 DNA 信息。这种基因芯片诊断技术以其快速、高效、敏感、经济、平行化、自动化等特点，将成为一项现代化诊断新技术。

（3）药物筛选

利用基因芯片可以分析用药前后机体不同组织、器官基因表达的差异。如果用 cDNA 表达文库中得到的肽库制作肽芯片，则可以从众多的药物成分中筛选到起作用的部分物质。此外，利用 RNA、单链 DNA 有很大的柔性，能形成复杂的空间结构，更有利于与靶分子相结合，可将核酸库中的 RNA 或单链 DNA 固定在芯片上，然后与靶蛋白孵育，形成蛋白质-RNA 或蛋白质-DNA 复合物，筛选特异的药物蛋白或核酸。因此芯片技术和 RNA 库的结合在药物筛选中将得到广泛应用。

（4）个体化医疗

临床上，对病人甲有效的药物剂量可能对病人乙不起作用，而对病人丙可能有副作用。在药物疗效与副作用方面，病人的反应差异很大，这主要是由于病人遗传学上存在差异（单核苷酸多态性，SNP）。如果利用基因芯片技术对患者先进行诊断，再开处方，就可对病人实施个体优化治疗。此外，在治疗中，很多同种疾病的具体病因是因人而异的，用药也应因人而异。例如，乙型肝炎病毒（HBV）有较多亚型，HBV 基因的多个位点如 S、P 及 C 基因区易发生变异。若用 HBV 基因多态性检测芯片，每隔一段时间就检测一次，这对指导用药、防止乙肝病毒耐药性很有意义。

（5）测序

利用固定探针与样品进行分子杂交产生的杂交图谱可以排列出待测样品的序列，这种测定方法快速而具有十分诱人的前景。研究人员用含 135000 个寡核苷酸探针的阵列测定了全长为 16.6kb 的人线粒体基因组序列，准确率达 99%。用含有 48000 个寡核苷酸的高密度微阵列分析了黑猩猩和人 BRCA1 基因序列的差异，结果发现在外显子约 3.4kb 长度范围内的核酸序列同源性在 $83.5\%\sim98.2\%$，结果显示二者在进化上呈现高度相似性。

（6）生物信息学研究

人类基因组计划是人类为了认识自己而进行的一项伟大而影响深远的研究计划。目前的问题是在面对大量的基因或基因片段序列的情况下如何研究其功能。只有知道其功能才能真正体现 HGP 的价值，破译人类基因这部天书。后基因组计划、国际人类蛋白质组计划、人类基因组计划等概念就是为实现这一目标而提出的。生物信息学将在其中扮演至关重要的角色。生物芯片技术就是为实现这一环节而建立的，使对个体生物信息进行高速、并行采集和分析成为可能，必将成为未来生物信息学研究中的一个重要信息采集和处理平台，也成为基因组信息学研究的主要技术支撑。生物芯片作为生物信息学的主要技术支撑和操作平台，其广阔的发展空间不言而喻。

在实际应用方面，生物芯片技术可广泛应用于疾病诊断和治疗、药物基因组图谱、药物筛选、中药物种鉴定、农作物的优育优选、司法鉴定、食品卫生监督、环境监测、国防等许多领域。它将为人类认识生命的起源、遗传、发育与进化以及人类疾病的诊断、治疗和防治开辟全新的途径，为生物大分子的全新设计和药物开发中先导化合物的快速筛选和药物基因组学研究提供技术支撑平台，这从 1999 年 3 月中华人民共和国科学技术部起草的《医药生物技术"十五"及 2015 年规划》中便可见一斑：规划所列 15 个关键技术项目中，有 8 个项目（基因组学技术、重大疾病相关基因的分离和功能研究、基因药物工程、基因治疗技术、生物信息学技术、组合生物合成技术、新型诊断技术、蛋白质组学和生物芯片技术）要使用生物芯片，生物芯片技术被单列为一个专门项目进行规划。总之，生物芯片技术在医学、生命科学、药业、农业、环境科学等与生命活动有关的领域中均具有广阔的应用前景。

5.2.2 基因芯片

5.2.2.1 基因芯片的概念

基因芯片是在 20 世纪 80 年代中期提出、在 90 年代中期发展的高科技产物。基因芯片大小如指甲盖一般，其基质一般是经过处理后的玻璃片。每个芯片的基质上都可划分出数万至数百万个小区，在指定的小区内，可固定大量具有特定功能、长约 20 个碱基序列的核酸分子（也称为分子探针）。

由于被固定的分子探针在基质上形成不同的探针阵列，利用分子杂交及平行处理原理，基因芯片可对遗传物质进行分子检测，可用于基因研究、法医鉴定、疾病检测和药物筛选等。基因芯片技术具有无可比拟的高效、快速和多参量特点，是传统的生物技术如检测、杂交、分型和 DNA 测序技术等方面的一次重大创新和飞跃。

随着人类基因组计划（HGP）的逐步实施以及分子生物学相关学科的迅猛发展，越来越多的动植物、微生物基因组序列得以测定，基因序列数据正在以前所未有的速度增长着。然而，怎样去研究众多基因在生命过程中所担负的功能就成了全世界生命科学工作者共同的课题。为此，建立新型杂交和测序方法以对大量的遗传信息进行高效、快速检测、分析就显得格外重要了。基因芯片技术就是顺应这一科学发展要求的产物，它的出现为解决此类问题提供了广阔的前景。该技术指将大量探针分子（通常每平方厘米点阵密度高于400）固定于支持物上，然后与标记的样品分子进行杂交，通过检测每个探针分子的杂交信号强度，进而获取样品分子的数量和序列信息。通俗地说，就是通过微加工技术，将数以万计乃至百万计的特定序列的 DNA 片段（基因探针），有规律地排列固定于 $2cm^2$ 的硅片、玻璃片等支持物上，构成一个二维的 DNA 探针阵列，它与计算机的电子芯片十分相似，因此被称为基因芯片。早在 20 世纪 80 年代，人们就能将短的 DNA 片段固定到支持物上，借助杂交方式进行序列测定。但基因芯片从实验室走向工业化，却是直接得益于探针固相原位合成技术和照相平版印刷技术的有机结合，以及激光共聚焦显微技术的引入。这些技术使得合成、固定高密度的数以万计的探针分子切实可行，而且借助共聚焦激光扫描显微技术，可以对杂交信号进行实时、灵敏、准确的检测和分析。正如电子管电路向晶体管电路和集成电路发展所经历的那样，核酸杂交技术的集成化，正在引发分子生物学技术的一场革命。目前，世界上专门从事基因芯片研究和开发工作的代表公司为美国 Affymetrix 公司，该公司聚集有多位计算机、数学和分子生物学专家，其每年的研究经费在1000 万美元以上，且已历时多年，拥有多项专利，其产品即将或已有部分投放至市场，产生的社会效益和经济效益令人瞩目。

基因芯片技术同时将大量探针固定于支持物上，因此可以一次性对样品大量序列进行检测和分析，从而解决了传统核酸印迹杂交技术操作繁杂、自动化程度低、操作序列数量少、检测效率低等问题。而且，通过设计不同的探针阵列、使用特定的分析方法，可使该技术具有多种不同的应用价值，如基因表达谱测定、突变检测、多态性分析、基因组文库作图及杂交测序等。

5.2.2.2　基因芯片的原理

基因芯片是目前生物芯片家族中最完善、应用最广泛的芯片。基因芯片将许多特定的寡聚核苷酸或 DNA 片段（称为探针）固定在芯片的每个预先设置的区域内，将待测样本标记后利用碱基互补配对原理同芯片进行杂交，通过检测杂交信号并进行计算机分析，从而检测对应片段是否存在、存在量的多少，以用于基因的功能研究和基因组研究、疾病的临床诊断和检测等众多方面。

基因芯片是利用杂交的原理，即 DNA 根据碱基配对原则，在常温下和中性条件下形成双链 DNA 分子，但在高温、碱性或有机溶剂等条件下，双螺旋之间的氢键断裂，双螺旋解开，形成单链分子。变性的 DNA 黏度下降，沉降速度增加，浮力上升，紫外吸收增加。当消除变性条件后，变性 DNA 两条互补链可以重新结合，恢复原来的双螺旋结构，这一过程称为复性。复性后的 DNA，其理化性质能得到恢复。利用 DNA 这一重要理化特性，将两条以上不同来源的多核苷酸链，通过互补性质，使它们在复性过程中形成异源杂合分子的过程称为杂交（hybridization）。杂交体中的分子不是来自同一个二聚体分子。由于温度比其他变性方法更容易控制，当双链的核酸高于其变性温度（T_m 值）时，解螺旋成单链分子；当温度降到低于 T_m 值时，单链分子根据碱基的配对原则，再度复性成双链分子。因此通常利用温度的变化使 DNA 在变性和复性的过程中进行核酸杂交。

核酸分子单链之间有互补的碱基顺序。通过碱基对之间非共价键的形成，即出现稳定的双链区,这是核酸分子杂交的基础。杂交分子的形成并不要求两条单链的碱基顺序完全互补,因此不同来源的核酸单链只要彼此之间有一定程度的互补顺序就可以形成杂交双链,分子杂交可发生在 DNA 与 DNA、RNA 与 RNA 或 RNA 与 DNA 的两条单链之间。利用分子杂交这一特性,先将杂交链中的一条用某种可以检测的方式进行标记,再与另一种核酸(待测样本)进行分子杂交,然后对待测核酸序列进行定性或定量检测,分析待测样本中是否存在该基因或该基因的表达有无变化。通常将被检测的核酸称为靶序列(target),用于探测靶DNA 的互补序列被称为探针(probe)。在传统杂交技术如 DNA 印迹(southern blotting)和 RNA 印迹(northern blotting)中,通常标记探针被称为正向杂交方法;而基因芯片通常采用反向杂交方法,即将多个探针分子点在芯片上,样本的核酸靶标进行标记后与芯片进行杂交,优点是可以同时研究成千上万的靶标甚至将全基因组作为靶序列。

具体地讲,利用核酸的杂交原理,基因芯片可以实现两大类检测:RNA 水平的大规模基因表达谱的研究和 DNA 的结构及组成的检测。

5.2.2.3 基因芯片的分类

从不同的角度,可将基因芯片分成不同的类型。

(1)无机片基和有机合成物片基的基因芯片

根据基因芯片的片基或支持物的不同,可以分为无机片基和有机合成物片基基因芯片,前者的片基主要有半导体硅片和玻璃片等,其上的探针主要以原位聚合的方法合成;后者主要有特定孔径的硝酸纤维膜和尼龙膜,其上的探针主要是经预先合成后通过特殊的微量点样装置或仪器滴加到片基上。另有以聚丙烯膜作支持物,用传统的亚磷酰胺固相法原位合成的高密度探针序列。

(2)原位合成和预先合成后点样的基因芯片

以探针阵列的形式可将基因芯片分为原位合成与预先合成后点样两种。芯片制备的原理是利用照相平版印刷技术将探针排列的序列即阵列图"印"到支持物上,并在这些阵列点上结合上专一的化学基因。原位合成主要是指光引导蚀刻技术,该技术是照相平版印刷技术与固相合成技术、计算机技术以及分子生物学等多学科相互渗透的结果。预先合成后点样法在多聚物的设计方面与前者相似,合成工作用传统的 DNA 合成仪进行,合成后再用特殊的点样装置将其以较高密度分布于硝酸纤维膜或经过处理的玻璃片上。

(3)基因表达芯片和 DNA 测序芯片

根据芯片的功能可分为基因表达芯片和 DNA 测序芯片两类。基因表达芯片可以将克隆到的成千上万个基因特异的探针或其 cDNA 片段,固定在一块 DNA 芯片上,对来源于不同个体(如正常人与患者)、组织、细胞周期、发育阶段、分化阶段、病变、刺激(包括不同诱导、不同治疗手段)的细胞内 mRNA 或反转录后产生的 cDNA 进行检测,从而对这些基因表达的个体特异性、组织特异性、发育阶段特异性、分化阶段特异性、病变特异性、刺激特异性进行综合分析和判断,迅速将某个或某几个基因与疾病联系起来,极大地加快这些基因功能的确定,同时可进一步研究基因与基因间相互作用的关系。DNA 测序芯片则是基于杂交测序发展起来的。任何线状的单链 DNA 或 RNA 序列均可分解成一系列碱基数固定、错落而重叠的寡核苷酸，又称亚序列（sub-sequence），假如能把原序列中这些错落重叠的亚序列全部检测出来，就可据此重新组建出原序列。

另外，根据所用探针的类型分为 cDNA 微阵列（或 cDNA 微阵列芯片）和寡核苷酸阵列（或芯片）；根据应用领域不同而分为毒理学芯片（toxchip）、病毒检测芯片（如肝炎病毒检测芯片）、P53 基因检测芯片等专用芯片。

5.2.2.4　基因芯片的制备

（1）样品的准备及杂交检测

目前，由于灵敏度所限，多数方法需要在标记和分析前对样品进行适当程序的扩增。不过也有不少人试图绕过这一环节，如 Mosaic Technologies 公司引入的固相 PCR 方法，该法引物特异性强、无交叉污染，并且省去了液相处理的环节；Lynx Therapeutics 公司引入的大规模平行固相克隆法（massively parallel solid-phase cloning）可在一个样品中同时对数以万计的 DNA 片段进行克隆，且无需单独处理和分离每个克隆。

显色和分析测定方法主要为荧光法，其重复性较好，不足之处是灵敏度较低。目前正在发展的方法有质谱法、化学发光法、光导纤维法等。以荧光法为例，当前主要的检测手段是共聚焦激光扫描显微技术，以便于对高密度探针阵列每个位点的荧光强度进行定量分析。因为探针与样品完全正常配对时，产生的荧光信号强度是具有单个或两个错配碱基探针的 5～35 倍，所以对荧光信号强度精确测定是实现检测特异性的基础。但荧光法存在的问题是，只要标记的样品结合到探针阵列上就会发出阳性信号，而对于这种结合是否为正常配对，或正常配对与错配兼而有之，该方法本身并不能提供足够的信息进行分辨。

对于以核酸杂交为原理的检测技术，荧光检测法的主要过程为：首先用荧光素标记经扩增（也可以用其他放大技术）的靶序列或样品，然后与芯片上的大量探针进行杂交，再将未杂交的分子洗去（如果用实时荧光检测可省去此步），这时，用超分辨荧光显微镜或其他荧光显微装置对片基进行扫描，可以采集每点荧光强度并对其进行分析比较。由于正常的 Watson-Crick 配对双链分子要比具有错配碱基的双链分子具有更高的热力学稳定性，如果探针与样品分子在不同位点配对有差异，则该位点荧光强度就会有所不同，而且荧光信号的强度还与样品中靶分子的含量呈一定的线性关系。当然，由于检测原理及目的不同，样品及数据的处理也自然有所不同，甚至由于每种方法的优缺点各异，分析结果不尽一致。

（2）基本操作步骤

基因芯片技术主要包括四个基本要点：芯片方阵的构建、样品制备、杂交反应和信号检测。

① 芯片方阵的构建。目前制备芯片主要以玻璃片或硅片为载体，采用原位合成和微矩阵的方法将寡核苷酸片段或 cDNA 作为探针按顺序排列在载体上。芯片的制备除了用到微加工工艺外，还需要使用机器人技术，以便能快速、准确地将探针放置到芯片上的指定位置。

② 样品制备。生物样品往往是复杂的生物分子混合体，除少数特殊样品外，一般不能直接与芯片反应，且有时样品的量很小。因此，必须将样品进行提取、扩增，获取其中的蛋白质或 DNA、RNA，然后用荧光标记，以提高检测的灵敏度和使用者的安全性。

③ 杂交反应。杂交反应是荧光标记的样品与芯片上的探针进行反应产生一系列信息的过程。选择合适的反应条件能使生物分子间反应处于最佳状态，减少生物分子之间的错配率。

④ 信号检测。杂交反应后，芯片上各个反应点的荧光位置、荧光强弱经过芯片扫描仪和相关软件可以分析图像，将荧光转换成数据，即可以获得有关的生物信息。基因芯片技术发展的最终目标是将从样品制备、杂交反应到信号检测的整个分析过程集成化以获得微型全分析系统（miniaturized total analytical system）或称缩微芯片实验室（laboratory on a chip）。

杂交信号的检测是 DNA 芯片技术的重要组成部分。以往的研究中已形成许多种探测分子杂交的方法，如荧光显微镜、示波传感器、光散射表面共振、电化传感器、化学发光、荧光各向异性等，但并非每种方法都适用于 DNA 芯片。由于 DNA 芯片本身的结构及性质，需要确定杂交信号在芯片上的位置，尤其是大规模 DNA 芯片面积小、密度大、点样量很少，因此杂交信号较弱，需要使用光电倍增管或感光耦合组件（charged-coupled device，CCD）照相机等弱光信号探测装置。此外，大多数 DNA 芯片杂交信号谱型除了需要确定分布位点以外还需要确定每一点上的信号强度，以确定是完全杂交还是不完全杂交，因而探测方法的灵敏度及线性响应也是非常重要的。杂交信号探测系统主要包括杂交信号产生、信号收集及传输和信号处理及成像三个部分。

由于所使用的标记物不同，相应的探测方法也各具特色。大多数研究者使用荧光标记物，也有一些研究者使用生物素标记，即联合抗生物素结合物检测 DNA 化学发光，通过检测标记信号来确定 DNA 芯片杂交谱型。

a. 荧光标记杂交信号的检测方法。使用荧光标记物的研究者最多，因而相应的探测方法也就最多、最成熟。荧光显微镜可以选择性地激发和探测样品中的混合荧光标记物，并具有很好的空间分辨率和热分辨率，特别是当荧光显微镜中使用了共焦激光扫描时，分辨能力在实际应用中可接近由数值孔径和光波长决定的空间分辨率，而这在传统的显微镜中是很难做到的，因此为 DNA 芯片进一步微型化奠定了检测基础。大多数方法都是在入射照明式荧光显微镜基础上发展起来的，包括激光扫描共聚焦荧光显微镜、激光扫描共聚焦显微镜、CCD 相机改进的荧光显微镜以及将 DNA 芯片直接制作在光纤维束切面上并结合荧光显微镜的光纤传感器微阵列。这些方法基本上都是将待杂交对象以荧光物质标记，如荧光素或丽丝胺（lissamine）等，杂交后经过核酸杂交缓冲液（SSC）和十二烷基磺酸钠（SDS）的混合溶液或核酸杂交和印迹转移缓冲液（SSPE）等缓冲液清洗。

激光扫描共聚焦荧光显微镜是比较典型的探测装置，方法是将杂交后的芯片经处理后固定在计算机控制的二维传动平台上，并将一物镜置于其上方，由氩离子激光器产生激发光，经滤波后通过物镜聚焦到芯片表面，激发荧光标记物产生荧光，光斑半径约为 $5 \sim 10 \mu m$。同时通过同一物镜收集荧光信号，经另一滤波片滤波后，由冷却的光电倍增管探测，经模数转换板转换为数字信号。通过计算机控制传动平台在 X-Y 方向上步进平移，DNA 芯片被逐点照射，所采集荧光信号构成杂交信号谱型，送计算机分析处理，最后形成 $20 \mu m$ 像素的图像。这种方法分辨率高、图像质量较好，适用于各种类型的 DNA 芯片及大规模 DNA 芯片杂交信号检测。

激光扫描共聚焦显微镜与激光扫描共聚焦荧光显微镜结构非常相似，由于采用了共焦技术而更具优越性。这种方法可以在荧光标记分子与 DNA 芯片杂交的同时，进行杂交信号的探测，而无须清洗掉未杂交分子，从而简化了操作步骤，大大提高了工作效率。Affymetrix 公司的 Forder 等设计的 DNA 芯片即利用此方法。其方法是将靶 DNA 分子溶液放在样品池中，芯片上合成寡核苷酸阵列的一面向下，与样品池溶液直接接触，并与 DNA 样品杂交。当用激发光照射使荧光标记物产生荧光时，既有芯片上杂交的 DNA 样品发出的荧光，又有样品池中 DNA 所发出的荧光，如何将两者分离开是一个非常重要的问题。而共焦显微镜具有非常好的纵向分辨率，可以在接收芯片表面荧光信号的同时，避开样品池中荧光信号的影响。一般采用氩离子激光器（488nm）作为激发光源，经物镜聚焦，从芯片背面入射，聚集于芯片与靶分子溶液接触面。杂交分子所发的荧光经同一物镜收集，并经滤波片滤波被冷却的光电倍增管在光子计数的模式下接收，经模数转换反转换为数字信号送微机处理，成像分析。在光电信增管前放置一共焦小孔，用于阻挡大部分激发光焦平面以外的来自样品池的未杂交分子荧光信号，避免其对探测结果的影响。激光器前也放置一个小孔光栅以尽量缩小聚焦点处光斑半径，使之能够只照射在单个探针上。通过计算机控制激光束或样品池的移动，便可实现对芯片的二维扫描，移动步长与芯片上寡核苷酸的间距匹配，在几分钟至几十分钟内即可获得荧光标记杂交信号图谱。其特点是灵敏度和分辨率较高、扫描时间长，比较适合研究。目前，Affymetrix 公司已推出商业化样机。

CCD 相机改进的荧光显微镜与以上扫描方法一样，都基于荧光显微镜，但是以 CCD 相机作为信号接收器而不是光电倍增管，无须扫描传动平台。由于不是逐点激发探测，激发光照射光场为整个芯片区域，由 CCD 相机获得整个 DNA 芯片的杂交谱型。由于激光束光强的高斯分布，因此光场光强度分布不均，不利于信号采集的线性响应。为保证激发光匀场照射，有的学者使用高压汞灯经滤波片滤波，通过传统的光学物镜将激发光投射到芯片上，照明面积可通过更换物镜来调整；也有的研究者以大功率弧形探照灯作为光源，使用光纤维束与透镜结合传输激发光，并与芯片表面呈 50°角入射。由于采用了 CCD 相机，大大提高了获取荧光图像的速度，曝光时间可缩短至零点几秒至十几秒。其特点是扫描时间短、灵敏度和分辨率较高，比较适合临床诊断用。

有的研究者将 DNA 芯片直接制作在光纤维束的切面上（远端），光纤维束的另一端（近端）经特制的耦合装置耦合到荧光显微镜中。光纤维束由 7 根单模光纤组成，每根光纤的直径为 $200\mu m$，两端均经化学方法抛光清洁。化学方法合成的寡核苷酸探针共价结合于每根光纤的远端组成寡核苷酸阵列。将光纤远端浸入到荧光标记的靶分子溶液中与靶分子杂交，通过光纤维束传导来自荧光显微镜的激光（490nm），激发荧光标记物产生荧光，荧光信号仍用光纤维束传导返回到荧光显微镜，由 CCD 相机接收。每根光纤单独作用、互不干扰，且溶液中的荧光信号基本不会传播到光纤中，杂交到光纤远端的靶分子可在 90% 的甲酸胺（formamide）和 TE 缓冲液中浸泡 10s 去除，进而反复使用。这种方法快速、便捷，可实时检测 DNA 微阵列杂交情况，而且具有较高的灵敏度，但由于光纤维束所含光纤数目有限，因而不便于制备大规模 DNA 芯片，有一定的应用局限性。

b. 生物素标记方法中的杂交信号探测。以生物素（biotin）标记样品的方法由来已久，通常都要联合使用其他大分子与抗生物素的结合物（如结合化学发光底物酶、荧光素等），再利用所结合大分子的特殊性质得到最初的杂交信号。由于所选用的与抗生物素结合的分子种类繁多，检测方法也更趋多样化。特别是如果采用尼龙膜作为固相支持物，直接以荧光标记的探针用于 DNA 芯片杂交将受到很大的限制，在尼龙膜上荧光标记信号信噪比较低，因而使用尼龙膜作为固相支持物的研究者大多是采用生物素标记方法。

5.2.2.5　基因芯片的应用

1998 年底，美国科学促进会将基因芯片技术列为 1998 年度自然科学领域十大进展之一，足见其在科学史上的意义。现在，基因芯片这一时代的宠儿已被应用到生物科学众多的领域。它以可同时、快速、准确地分析数以千计基因组信息的本领，显示出了巨大的威力。这些应用主要包括基因表达检测、突变检测、基因组多态性分析和基因文库作图以及杂交测序等方面。在基因表达检测的研究上，人们已比较成功地对多种生物包括拟南芥（arabidopsis thaliana）、酿酒酵母（saccharomycescerevisiae）及人的基因组表达情况进行了研究，并且用该技术一次性检测了几种酵母不同株间数千个基因表达谱的差异。实践证明，基因芯片技术也可用于核酸突变的检测及基因组多态性的分析，对人类基因组单核苷酸多态性的鉴定、作图和分型，人线粒体 16.6kb 基因组多态性的研究等。将生物传感器与芯片技术相结合，通过改变探针阵列区域的电场强度，已经证明可以检测到基因（ras 基因等）的单碱基突变。此外，有学者还曾通过确定重叠克隆的次序从而对酵母基因组进行作图。杂交测序是基因芯片技术的另一重要应用。该测序技术理论上不失为一种高效可行的测序方法，但需通过大量重叠序列探针与目的分子的杂交，才可推导出目的核酸分子的序列，因此需要制作大量探针。基因芯片技术可以比较容易地合成并固定大量核酸分子，它的问世无疑为杂交测序提供了实施的可能性，这已为实践所证实。

在实际应用方面，基因芯片技术可广泛应用于疾病诊断、药物筛选和新药开发、农作物的优育优选、司法鉴定、食品卫生监督、环境监测、国防、航天等许多领域。它将为人类认识生命的起源、遗传、发育与进化、人类疾病的诊断、治疗和防治开辟全新的途径，也为生物大分子的全新设计、药物开发中先导化合物的快速筛选和药物基因组学研究提供技术支撑平台。

（1）药物筛选和新药开发

由于所有药物（或兽药）都是直接或间接地通过修饰、改变人类（或相关动物）基因的表达及表达产物的功能而生效，而芯片技术具有高通量、大规模、平行地分析基因表达或蛋白质状况（蛋白质芯片）的能力，在药物筛选方面具有巨大的优势。用芯片作大规模的筛选研究，可以省略大量的动物试验甚至临床试验，缩短药物筛选所用时间，提高效率，降低风险。

随着人类基因图谱的绘就，基因工程药物将进入一个大发展时期，在基因工程药物的研制和生产中，生物芯片也有着较大的市场。以基因工程胰岛素为例，当把人的胰岛素基因转移到大肠杆菌细胞后，就需要用某种方法对工程菌的基因型进行分析，以便确认胰岛素基因是否转移成功。过去人们采取的方法称为限制性片段长度多态性（简称 RELP），这种方法非常烦琐，在成本和效率方面远不如基因芯片，今后被芯片技术取代是必然的趋势。基因芯片筛选药物具有的巨大优势，因此它将成为 21 世纪药物研究的趋势。

（2）疾病诊断

基因芯片作为一种先进的、大规模、高通量检测技术，应用于疾病的诊断中有以下几个优点：一是高度的灵敏性和准确性；二是快速简便；三是可同时检测多种疾病。例如，应用于产前遗传性疾病检查，抽取少许羊水就可以检测出胎儿是否患有遗传性疾病，同时鉴别的疾病可以达到数十种甚至数百种，这是其他方法所无法替代的；又如对病原微生物感染的诊断，目前的实验室诊断技术所需的时间比较长，检查也不全面，医生往往只能根据临床经验做出诊断，降低了诊断的准确率，如果在检查中应用基因芯片技术，医生在短时间内就能知道病人感染的是哪种病原微生物，而且能测定病原体是否产生耐药性、对哪种抗生素产生耐药性、对哪种抗生素敏感等，这样医生就能有的放矢地制订科学的治疗方案；再如对具有高血压、糖尿病等疾病家族史的高危人群进行普查，以及对接触毒化物质人群进行恶性肿瘤普查等，如果采用基因芯片技术，立即就能得到可靠的结果。此外，对心血管疾病、神经系统疾病、内分泌系统疾病、免疫性疾病、代谢性疾病等，如果采用了基因芯片技术，其早期诊断率将大大提高，误诊率会大大降低，同时有利于医生综合地了解各个系统的疾病状况。

（3）环境检测

在环境保护上，基因芯片也有广泛的用途，它可以快速检测污染微生物或有机化合物对环境、人体、动植物的污染和危害，同时也能够通过大规模的筛选寻找保护基因，制备防治危害的基因工程药品，或治理污染源的基因产品。

（4）司法鉴定

基因芯片还可用于司法鉴定，现阶段可以通过 DNA 指纹对比来鉴定罪犯，未来可以建立全国甚至全世界的 DNA 指纹库，届时可以直接对犯罪现场留下来的头发、唾液、血液、精液等进行分析，并立刻与 DNA 罪犯指纹库系统存储的 DNA 指纹进行比较，以尽快、准确地破案。目前，科学家正着手将生物芯片技术应用于亲子鉴定中，应用生物芯片后，鉴定精度将大幅提高。

（5）农作物优育选种

基因芯片技术可以用来筛选农作物的突变基因，并寻找高产量、抗病虫、抗干旱、抗冷冻的相关基因；也可以用于基因扫描及基因文库作图、商品检验检疫等领域，但目前该用途尚待开发。

（6）科研领域

基因芯片在科研领域的应用包括基因表达检测、寻找新基因、杂交测序、基因突变和多态性分析以及基因文库作图等方面。

① 基因表达检测。人类基因组编码大约 10 万个不同的基因，仅掌握基因序列信息资料、理解其基因功能是远远不够的，因此，具有监测大量 mRNA 功能的实验工具很重要。对芯片技术检测基因表达及其敏感性、特异性进行的研究实验表明，芯片技术易于监测非常大量的 mRNAs，并能敏感地反映基因表达中的微小变化。

② 寻找新基因。有关实验表明，在缺乏任何序列信息的条件下，基因芯片也可用于

基因发现，如遗传性多发性骨软骨瘤（HME）基因和黑色素瘤生长刺激因子就是通过基因芯片技术发现的。

③ DNA测序。人类基因组计划的实施促进了更高效率的、能够自动化操作的测序方法的发展，芯片技术中杂交测序技术及邻堆杂交技术即是一种新的高效快速测序方法。例如，使用美国Affymetrix公司1998年生产出的带有13.5万个基因探针的芯片，就可以使人类DNA解码速度提高25倍。

④ 核酸突变的检测及基因组多态性的分析。有关实验结果已经表明，DNA芯片技术可快速、准确地研究大量患者样品中特定基因的所有可能的杂合变异，包括对人类基因组单核苷酸多态性的鉴定、作图和分型等。随着遗传病与癌症相关基因发现数量的增加，变异与多态性分析必将越来越重要。

5.2.3　蛋白质芯片

5.2.3.1　蛋白质芯片的概念

蛋白质芯片（protein chip）是一种高通量的蛋白功能分析技术，可用于蛋白质表达谱分析、研究蛋白质与蛋白质的相互作用，甚至研究DNA与蛋白质、RNA与蛋白质的相互作用以及筛选药物作用的蛋白靶位点等。

5.2.3.2　蛋白质芯片的原理

蛋白质芯片技术的研究对象是蛋白质，其原理是对固相载体进行特殊的化学处理，再将已知的蛋白分子产物（如酶、抗原、抗体、受体、配体、细胞因子等）固定其上，根据这些生物分子的特性，捕获能与特异性结合的待测蛋白（存在于血清、血浆、淋巴、间质液、尿液、渗出液、细胞溶解液、分泌液等），经洗涤、纯化后进行确认和生化分析。蛋白质芯片为获得重要生命信息（如未知蛋白组分、序列；体内表达水平生物学功能；与其他分子的相互调控关系；药物筛选；药物靶位的选择；等等）提供了有力的技术支持。

5.2.3.3　蛋白质芯片的分类

蛋白质芯片主要有三类：蛋白质微阵列、微孔板蛋白质芯片、三维凝胶块蛋白质芯片。

（1）蛋白质微阵列

哈佛大学等通过点样机械装置制作蛋白质芯片，将针尖浸入装有纯化的蛋白质溶液的微孔中，再移至载玻片上，在载玻片表面点1nL的溶液，然后机械手重复操作，点不同的蛋白质。利用此装置大约固定了10000种蛋白质，并用其研究蛋白质与蛋白质间、蛋白质与小分子间的特异性相互作用。有研究者用一层牛血清白蛋白（BSA）修饰玻片，可以防止固定在表面上的蛋白质变性。由于赖氨酸广泛存在于蛋白质的肽链中，BSA中的赖氨酸通过活性剂与点样的蛋白质样品所含的赖氨酸发生反应，使其结合在基片表面，并且一些蛋白质的活性区域露出。这样，利用点样装置将蛋白质固定在BSA表面上，制作成蛋白质微阵列。

（2）微孔板蛋白质芯片

有研究在传统微滴定板的基础上，利用机械手在 96 孔的每一个孔的平底上点样成同样的 4 组蛋白质，每组 36 个点（4×36 阵列），含有 8 种不同抗原和标记蛋白。可直接使用与之配套的全自动免疫分析仪，测定结果适合蛋白质的大规模、多种类筛选。

（3）三维凝胶块蛋白质芯片

三维凝胶块蛋白质芯片是由美国阿贡国家实验室和俄罗斯科学院恩格尔哈得分子生物学研究所开发的一种芯片技术。三维凝胶块芯片实质上是在基片上点布 10000 个微小聚苯烯酰胺凝胶块，每个凝胶块可用于靶 DNA、RNA 和蛋白质的分析。这种芯片可用于筛选抗原-抗体、研究酶动力学反应，其优点是：凝胶条的三维化能加进更多的已知样品，提高检测的灵敏度；蛋白质能够以天然状态分析，进行免疫测定、受体及配体研究和蛋白质组分分析。

5.2.3.4　蛋白质芯片的制备

（1）固体芯片的构建

常用的材质有玻片、硅、云母及各种膜片等。理想的载体表面是渗透滤膜（如硝酸纤维素膜）或包被了不同试剂（如多聚赖氨酸）的载玻片。外形可制成各种不同的形状，可采用蛋白质富集（APTS-BS3）技术增强芯片与蛋白质的结合。

（2）探针的制备

低密度蛋白质芯片的探针包括特定的抗原、抗体、酶、吸水或疏水物质、结合某些阳离子或阴离子的化学基团、受体和免疫复合物等具有生物活性的蛋白质。制备时常常采用直接点样法，以避免蛋白质的空间结构改变，保持它和样品的特异性结合能力。高密度蛋白质芯片一般为基因表达产物，如一个 cDNA 文库所产生的几乎所有蛋白质均排列在一个载体表面，其芯池数目高达 1600 个/cm^2，呈微矩阵排列，点样须用机械手，可同时检测数千个样品。

（3）生物分子反应

使用时将待检的含有蛋白质的标本如尿液、血清、精液、组织提取物等，按一定程序做好电泳、色谱等前处理，然后在每个芯池里点入需要的种类。一般样品量只要 $2\sim10\mu L$ 即可。根据测定目的不同可选用不同探针结合，或与其中含有的生物制剂相互作用一段时间，然后洗去未结合的或多余的物质，将样品固定一下等待检测即可。

（4）信号检测分析

直接检测模式是将待测蛋白用荧光素或同位素标记，使结合到芯片的蛋白质发出特定的信号，检测时用特殊的芯片扫描仪扫描和相应的计算机软件进行数据分析，或将芯片放射显影后再选用相应的软件进行数据分析。间接检测模式类似于 ELISA 方法，用荧光分子或酶标记第二抗体分子。以上两种检测模式均基于以阵列为基础的芯片检测技术。该法操作简单、成本低廉，可以在单一测量时间内完成多次重复性测量。国外多采用质谱（mass spectrometry，MS）分析基础上的新技术，如表面增强激光解析蛋白质飞行时间质谱技术。该技术可使吸附在蛋白质芯片上的靶蛋白离子化，在电场力的作用下计算出其质荷比，与蛋白质数据库配合使用，就可确定蛋白质片段的分子量和相对含量，检测蛋白质谱的变化。光学蛋白芯片技术是基于 1995 年提出的光学椭圆生物传感器的概念，利用具有生物活性的芯片上靶蛋白感应表面及生物分子的特异性结合，在椭偏光学成像系统下直接测定多种生物分子。

5.2.3.5 蛋白质芯片的应用

蛋白质芯片的应用非常广泛，主要有以下 6 个方面。

（1）基因表达的筛选

Angelika 等从胎儿脑的 cDNA 文库中选出 92 个克隆的粗提物，制成蛋白质芯片，用特异性抗体对其进行检测，检测结果的准确率在 87% 以上，而用传统的原位滤膜技术准确率只达到 63%。与原位滤膜相比，用蛋白质芯片技术在同样面积上可容纳更多的克隆，灵敏度可达到皮克（pg）级。

（2）抗原-抗体检测

在某报道的实验中，蛋白质芯片上的抗原-抗体反应体现出很好的特异性。在一块蛋白质芯片上的 10800 个点中，根据抗原-抗体的特异性结合，检测到唯一的一个阳性位点。Cavin 指出，这种特异性的抗原-抗体反应一旦确立，就可以利用这项技术来度量整个细胞或组织中蛋白质的丰富程度和修饰程度。此外，利用蛋白质芯片技术，根据与某一蛋白质的多种组分亲和的特征，筛选某一抗原的未知抗体，可将常规的免疫分析微缩到芯片上进行，使免疫检测更加方便快捷。

（3）蛋白质筛选研究

常规筛选蛋白质主要是在基因水平上进行。基因水平的筛选虽已被运用到任意的 cDNA 文库，但 cDNA 文库多以噬菌体为载体，通过噬菌斑转印技术（plaque lift procedure）在一张膜上表达蛋白质。由于许多蛋白质不是全长基因编码，而且真核基因在细菌中往往不能产生正确折叠的蛋白质，同时噬菌斑转移不能缩小到毫米范围进行，这种方法的局限性可以靠蛋白质芯片弥补，可以用蛋白质芯片来研究酶的底物、激活剂、抑制剂等。

蛋白质芯片为蛋白质功能研究提供了新的方法，合成的多肽及来源于细胞的蛋白质都可以用作制备蛋白质芯片的材料。有研究者将蛋白质芯片引入酵母双杂交研究中，大大提高了筛选率，建立了含 6000 个酵母蛋白的转化子，每个都具有开放性阅读框的融合蛋白作为酵母双杂交反应中的激活区，此蛋白质芯片检测到 192 个酵母蛋白发生阳性反应。

（4）生化反应的检测

对酶活性的测定一直是临床生化检验中不可缺少的部分。有人用常规光蚀刻技术制备芯片，酶及底物加到芯片上的小室，在电渗作用中使酶及底物经通道接触，发生酶促反应。通过电泳分离，可得到荧光标记的多肽底物及产物的变化，以此来定量酶促反应结果。动力学常数的测定表明，该方法是可行的，而且荧光物质稳定。还有人进行了类似的试验，制备的蛋白质芯片的一大优点是可以反复使用多次，大大降低了试验成本。

（5）药物筛选

疾病的发生、发展与某些蛋白质的变化有关。如果以这些蛋白质构筑芯片，对众多候选化学药物进行筛选，直接筛选出与靶蛋白作用的化学药物，将大大推进药物的开发。蛋白质芯片有助于了解药物与其效应蛋白的相互作用，并可以在对化学药物作用机制不甚了解的情况下直接研究蛋白质谱，而且还可以将化学药物作用与疾病联系起来，确定药物是否具有毒副作用，判定药物的治疗效果，为指导临床用药提供实验依据。另外，蛋白质芯片技术还可对中药的真伪和有效成分进行快速鉴定和分析。

（6）疾病诊断

蛋白质芯片技术在医学领域有着潜在的广阔应用前景。蛋白质芯片能够同时检测生物样品中与某种疾病或者环境因素损伤可能相关的全部蛋白质的含量情况，即表型指纹（phenomic fingerprint）。表型指纹对监测疾病的过程或预测、判断治疗的效果也具有重要意义。Ciphelxen Biosystems 公司利用蛋白质芯片检测了来自健康人和前列腺癌患者的血清样品，在短短 3d 内发现了 6 种潜在的前列腺癌的生物学标记。有报道将抗体点在片基上，用它检测正常组织和肿瘤组织之间蛋白质表达的差异，发现有些蛋白质的表达，如前列腺特异抗原、明胶酶蛋白在肿瘤的发生、发展中起着重要的作用，这给肿瘤的诊断和治疗带来了新途径。在临床上应用蛋白质芯片从乳腺癌患者中检测出 28.3kD 的蛋白质，从结肠癌及其癌前病变患者的血清中检测到 13.8kD 的特异相关蛋白质。

5.2.4　细胞芯片

5.2.4.1　细胞芯片的概念

细胞芯片技术是以活细胞作为研究对象的一种生物芯片技术，它是适应后基因组时代人类对生命科学探索的要求而产生的。作为细胞研究领域的一种新技术，其既保持传统的细胞研究方法的优点如原位检测等，又满足了高通量获取活细胞信息等方面的要求，有着广阔的发展前景。

5.2.4.2　细胞芯片的原理

细胞作为生物有机体结构和功能的基本单位，其生物学功能容量巨大。利用生物芯片技术研究细胞，在细胞的代谢机制、细胞内生物电化学信号识别传导机制、细胞内各种复合组件控制以及细胞内环境的稳定等方面，都具有其他传统方法无法比拟的优越性。目前，细胞芯片在国内外已有报道，一般指充分运用显微技术或纳米技术，利用一系列几何学、力学、电磁学等原理，在芯片上完成对细胞的捕获、固定、平衡、运输、刺激及培养等精确控制，并通过微型化的化学分析方法，实现对细胞样品的高通量、多参数、连续原位信号检测和细胞组分的理化分析等研究目的。新型的细胞芯片应满足 3 个方面的功能：在芯片上实现对细胞的精确控制与运输；在芯片上完成对细胞的特征化修饰；在芯片上实现细胞与内外环境的交流和联系。

5.2.4.3 细胞芯片的分类

（1）整合的微流控细胞芯片

整合的微流控细胞芯片（integrated microfluidic system）是一种高度平行化、自动化的集成微型芯片装置，对细胞样品具有预处理和分析的能力，又称为微全分析系统（miniaturized total analysis system，TAS）。通过在芯片上构建各种微流路通道体系，运用不同的方法在流体通道体系中准确控制细胞的传输、平衡与定位，进而实现对细胞样品进行药物刺激等实验过程的原位监测和细胞组分的分析等。

Peng 等在芯片上设计了一种具有三维流动控制概念的装置，该装置包含一条流体通道和一个中心伸展的 V 型屏障，屏障以具有斜坡的一面对应流体通道。屏障斜坡是细胞平衡、固定的关键结构，细胞的平衡、固定是通过控制流体通道中试剂流体的流动速度、斜坡对细胞的支持力和细胞向下的重力相互作用完成的。他们在该装置上实现了单个酵母细胞的培养、去除胞壁、扫描、梯度药物浓度刺激和细胞荧光测量等研究。

Yang 等在芯片上设计了一种并行于流体通道的带有"码头"的"坝"结构，该流路和"坝"通过网状流体通路和"坝"的长短分配药剂流，产生药剂的浓度梯度，利用细胞芯片原位监测细胞对系列药物浓度梯度刺激的胞内应答行为。

有人选用 HeLa 细胞作为模式细胞，在芯片上监测细胞内已报道的基因活性并检测了这些基因表达的条件，以减少基因的不确定表达。

还有研究在芯片上进行了单细胞毛细管电泳分离，他们在芯片上构建多重并联的毛细管通道，以满足高通量分析和避免分离样品交叉污染的需求。此外，还有在芯片上同时构建流路和分离、排列、定位细胞所需空间的微孔或沟槽等结构的芯片类型，用于细胞的多参数检测筛选。整合的微流控细胞芯片制作方法多样，类型不一，发展较快，应用的范围也比较广泛，内容涉及细胞的固定培养、鉴定筛选、分化刺激、原位检测、药物开发筛选和组分分析等各个方面。

（2）微量电穿孔细胞芯片

当给细胞一定的阈电压时，细胞膜具有短暂的强渗透性。利用细胞膜的这种特性将外源 DNA、RNA、蛋白质、多肽、氨基酸和药物试剂等精确地转导入靶细胞的技术，称为电穿孔技术，该技术能直接应用于基因治疗。微量电穿孔细胞芯片（microelectroporation cell chip），正是将电穿孔技术与生物芯片技术相结合的产物，是细胞操作调控微型化的一种手段。该技术采用一种微型装置，将细胞与芯片上的电子集成电路相结合，利用细胞膜微孔的渗透性，通过控制电子集成电路，使细胞面临一定的电压，电压使细胞膜微孔张开，从而在不影响周围细胞的情况下，可将外源 DNA、RNA、蛋白质、多肽、氨基酸和药物试剂等生物大分子或制剂等，顺利地导入或从靶细胞中提取出来，并进行后续研究。这种技术为研究细胞间遗传物质的转导、变异、表达以及控制细胞内化学反应提供了可能的方法。

最先进行这种单细胞电穿孔尝试的是 Huang 和 Rubinsky 的科研小组，他们最终找到了一种利用电穿孔细胞芯片控制人体细胞活动的方法。

有研究者运用聚二甲基硅氧烷等材料构建了电穿孔细胞芯片，他们在芯片上构建一条长 2cm、高 $20\mu m$ 的流体通道，通过指数衰变式脉冲发生器，对通道内的细胞进行电穿孔实验，测量了细胞电穿孔时的各种参数，原位观察了碘化丙啶被 SKOV-3 细胞株吸收的全过程，并成功地将绿色荧光标记的蛋白基因转染了 SKOV-3 细胞，监测了活细胞内 DNA 逆传的规律。需要指出的是，这些研究者制作的芯片，也是通过流体通路来实现对细胞的控制的。此外，也可以采用纳米针和纳米管等显微操作穿刺细胞膜，并在芯片上构建纳米通道，完成向单细胞注射或提取所需样品。

（3）细胞免疫芯片

细胞免疫芯片（cell immune chip）是在蛋白质芯片的基础上发展起来的一种新型的细胞芯片技术。它以细胞为研究对象，利用免疫学原理和微型化操作方法，实现对细胞样品的快速检测和分析。它的免疫学基础是抗原或抗体的固相化、抗原-抗体特异性反应及抗原或抗体的检测方法（如荧光标记、酶标记及放射标记等）。在芯片上，固定的抗体或抗原必须保持原有的免疫学活性，在测定时，受检标本（测定一般为细胞表面的抗体或抗原）与固相载体表面的抗原或抗体进行反应，通过免疫学特异性反应捕获目标细胞，然后根据标记与否以及标记物的不同选择不同的检测方法，完成对细胞的快速检测，并且可以对细胞进行免疫化学测定等后续研究。这是一种应用范围广、经济实用性强的生物芯片技术。

① 细胞免疫芯片的原理。根据捕获细胞的检测要求，将不同的抗原或抗体，以较高密度固定在经过修饰的玻片等载体上，并保持其活性不变，形成抗原或抗体微阵列，然后利用细胞表面抗原与抗体等免疫学特异性反应原理，通过抗原或抗体微阵列和细胞悬液样品的反应，捕获待测目的细胞，将未结合在芯片上的细胞和非特异性结合的细胞从芯片上洗脱，靶向细胞将结合在微阵列的不同抗体或抗原点上。结合在不同抗体或抗原点上的细胞，代表了不同的细胞免疫表型，从而完成对细胞分离、分类及检测的目的，或者继续对细胞样品进行标记和其他方面的后续研究。

② 细胞免疫芯片的特点。目前，细胞免疫芯片主要应用于细胞的检测。与其他的细胞检测方式相比，细胞免疫芯片具有以下一些特点：利用抗体和细胞表面抗原的特异性反应原理，检测表达特异性表面抗原的细胞，具有较高的特异性；由于芯片的密度较高，获得的信息量较大，可以高通量、高平行地综合检测、分析细胞样品，一次可以检测同一或不同样品细胞的多种表达抗原；适用范围广，凡是可以制成细胞悬液的样品，均可进行检测；操作简便灵活，染色、标记等步骤可根据实验要求增加或删减；经济方便，无须价格昂贵的检测设备，普通显微镜即可检测，经济实用。

③ 细胞免疫芯片的制作。在细胞免疫芯片的制备中，主要以玻片为基底，通过对玻片表面进行化学修饰，以使生物分子固定后仍保持原有的生物活性。玻片表面的化学修饰有多种方式：三维修饰如琼脂糖、聚丙烯酰胺凝胶等修饰；二维修饰如醛羰基、氨基等修饰。琼脂糖修饰由于操作简便、对生物分子的固定能力较强，而应用较多。将所需要的抗体或抗原样品，按一定的排布方式，点样到经过修饰的玻片上，形成微阵列芯片。被检测细胞悬液（荧光标记或非标记）在微阵列芯片上进行孵育结合后，洗去未结合的细胞，则被检测细胞被捕获于芯片表面。可以直接在芯片上检测，也可以将目标细胞洗脱后培养进行间接检测。

直接检测快捷简单，对于荧光标记的细胞免疫芯片，可以用激光扫描细胞仪进行扫描，然后通过计算机分析出每个点的平均荧光强度。对于酶标记的细胞免疫芯片，只需显色后将检测细胞放在光镜下进行观察，用CCD相机进行拍摄记录结果即可，将信号通过计算机处理得到每个点的灰度。间接检测根据对样品的要求不同，而采用不同的方法进行。

5.2.4.4 细胞芯片的应用

细胞免疫工程包含生物医药学方面研究基因组序列功能和病理学相关的核心技术与内容。细胞免疫芯片为分子医药学发展靶向免疫诊断、治疗肿瘤和其他细胞表面抗原相关疾病提供了一种新型研究方法。

细胞免疫芯片对生物样品的要求较低，使得样品的预处理大为简化，因此，其应用范围广泛，凡是可以制成细胞悬液的样品，都可以进行检测，如淋巴细胞悬液、其他细胞或组织等生物样品等。

Zhang等以红细胞为材料，研究了细胞免疫芯片在细胞检测方面的初步应用，他们将抗体固定在琼脂糖修饰的玻片上，并通过固定的抗体与细胞表面的抗原反应，对细胞进行捕获。

还有研究者根据不同的白血病在白细胞质膜上分化抗原（CD）组表达的差异，进行了白血病免疫分型实验。他们运用较高密度的抗体微阵列，在一次测定中可以快速地检测50种或更多的白细胞或白血病细胞的分化抗原；分别从正常的外周血白细胞、白血病细胞、毛细胞、上皮内淋巴细胞、急性淋巴白细胞、急性T淋巴白细胞白血病细胞等样品中，获得了清楚且重复性好的结果，并验证了48种分化抗原在芯片上和流式细胞仪上分析结果的吻合性，为白血病的辅助诊断和预后判断等提供了充足的理论依据，显示了细胞免疫芯片应用在白血病免疫诊断及预后判定方面的诱人前景。

基于类似的原理，Revzin等运用光刻胶技术，在玻片上构建了聚乙二醇水凝胶壁组成的规格分别为 $20\mu m \times 20\mu m$ 与 $15\mu m \times 15\mu m$ 的微孔，并将微孔内的玻片根据不同的需求进行修饰，选择性地结合淋巴细胞特异性抗体或其他细胞黏附因子，从而形成高密度抗体或细胞因子芯片，该芯片不仅可以根据细胞表面抗原、抗体分化信息对白细胞进行免疫分型，而且可以运用激光捕获微切割技术，在芯片上有选择地对细胞内的基因和蛋白质组进行分析检测。细胞免疫芯片在新药物的开发筛选等方面，亦将提供强有力的技术支持。在筛选新药时，利用芯片上的靶细胞筛选与其作用的新药物，或者根据细胞表面特定抗原的表达与否，通过芯片上的抗体微阵列来筛选经过不同新药物处理过的细胞，不仅可以提高药物开发的效率，而且实现了药物筛选的敏感性、高通量和自动化的集成。

5.2.5 组织芯片和糖芯片

5.2.5.1 组织芯片

（1）组织芯片的概念和特点

组织芯片（tissue chip），又叫组织微阵列（tissue microarrays，TMA），是将许多不同个体组织标本以规则阵列方式排布于同一载玻片上，进行同一指标的原位组织学研究。

组织芯片是生物芯片技术的一个重要分支。组织芯片与基因芯片和蛋白质芯片一起构成了生物芯片系列，使人类第一次能够有效利用成百上千份组织标本，在基因组、转录组和蛋白质组三个水平上进行研究，被誉为医学、生物学领域的一次革命。组织芯片技术作为一项新兴的生物学研究技术，正以它绝对的优越性展示着自己的潜力。

组织芯片的特点如下：

① 体积小，信息含量大。

② 容易获得大量结果。

③ 减少试验误差。

④ 省时、省力、经济。

⑤ 有利于原始蜡块的保存。

（2）组织芯片的分类

组织芯片可按不同的标准进行分类。

① 根据芯片上样本含量的多少。按照芯片上样本含量的多少，组织芯片可分为低密度芯片（<200 点）、中密度芯片（200～600 点）和高密度芯片（>600 点）。目前国际上常用的 TMA 的标本量多为 60～100 个，组织片的直径在 2mm 左右。一般情况下，在直径 2mm 的组织片上有约 100000 个细胞，而直径 0.6mm 的组织片上仅有约 30000 个细胞。

② 按组织来源。按组织的来源，组织芯片常分为以下 3 类。

a. 人类组织芯片。常分为正常组织芯片、疾病组织芯片（恶性肿瘤组织芯片、良性肿瘤组织芯片、其他疾病组织芯片）、胚胎组织芯片。

b. 动物组织芯片。

c. 肿瘤组织芯片。分为下面几种：多肿瘤组织芯片，由多种类型肿瘤组成，用于肿瘤基因或相关基因的筛选；肿瘤进展组织芯片，由不同发展阶段的肿瘤组织组成，包括癌前病变，甚至正常组织；预后组织芯片，由治疗前后的肿瘤组织组成，用于寻找与治疗和预后有关的标志物。

（3）组织芯片的制备

组织芯片的制备主要包括以下步骤：

① 挑选合格的蜡块。福尔马林固定的石蜡包埋的组织块——蜡块，可以长时间地保留蛋白的抗原性，蜡块是构成组织芯片的基本材料。构建组织芯片，先要根据研究目的以及蜡块的组织学特性挑选合格的蜡块，并切片进行 HE 染色以判断哪个区域可被利用。

② 将保留的组织学样本蜡块重新定位到一个新的样本群蜡块。蜡块中挑选形态学上有代表性的区域，用转移蜡块组织专用的针在蜡块中打孔，直径为 0.6～2mm，并转移包埋至新的蜡块中。样本打孔直径的大小以及组织芯片上样本的密度决定了芯片上组织样本的数目。打孔直径小，可以避免对原始蜡块的破坏，同时也可以最大限度地取材。

③ 从新的样本蜡块中制备组织切片，借助特定切片辅助系统——黏着包被带卷片系统，对组织芯片蜡块连续切片。切片厚度为 2～3μm，一般可切片 50～100 张放置在玻片上，制备成组织芯片。

④ 把设计好的蜡块放入温箱，根据蜡质，调定温箱温度，在半融状态下取出，室温冷却，放入 4℃ 冰箱中备用。

（4）组织芯片的应用

① 在医学研究中的应用。组织芯片最初就是为了肿瘤研究。例如，使用 cDNA 微阵列和组织微阵列对 3 种卵巢上皮性肿瘤基因表达的分析；通过基因表达谱芯片筛选出与原发性腹膜后脂肪肉瘤发生和进展密切相关的基因；应用组织芯片技术检测结直肠癌中 MRP1/CD9 的表达；等等。

② 在药学中的应用。评估药物靶标在关键组织中的表达是药物开发的重要组成部分。例如，美国食品药品监督管理局（FDA）要求检测候选药物靶标在 32 种不同器官中的表达情况来作为组织交叉反应性研究的一部分。一些明确的药物靶标，如 CD20 ［美罗华（rituximab）的靶标］和表皮生长因子（EGF），在正常细胞中也表达，而用美罗华治疗病人引起恶性和良性 B 细胞缺失。

③ 在分子生物学中的应用。被用于评估分子改变的几乎总是原发性肿瘤，这是出于方便考虑，也是因为普遍认为原发性肿瘤与转移性肿瘤在遗传上有相似性。仅有少数研究比较了大量原发性肿瘤与转移性肿瘤的分子特征。这些计划很难执行，因为进行一项有意义的分析需要大量的组织，而转移性肿瘤组织材料来源有限。由配对的原发性肿瘤和转移性肿瘤组成的 TMA，成为排除原发性肿瘤和转移性肿瘤之间的不均一性的重要工具。

5.2.5.2 糖芯片

（1）糖芯片的概念和原理

糖芯片是生物芯片的一种，是继基因芯片、蛋白质芯片、组织芯片等之后发展起来的一种很有前景的生物检测技术。随着糖生物学和糖组学的研究进展，糖芯片正逐步发展为该领域的新型研究手段。

糖芯片的基本原理与基因芯片和蛋白质芯片相似，都是基于物质之间的特异性作用。许多细胞-细胞间的作用与细胞表面糖缀合物的多个作用点之间化学键的同时作用有关，从而对糖分子结构的特异性提出更高要求。然而，生物分子结构的复杂性，使得许多糖-蛋白质分子特异作用的机制并不清楚。随着 DNA 芯片和蛋白质芯片在生物和医学研究领域中广泛应用，高通量、微样品的芯片分析方法得到更深入的扩展。基于糖-蛋白特异作用而制备的糖芯片开始引起人们研究的兴趣。糖芯片是将多个不同结构的糖分子，通过共价或非共价作用固定于经化学修饰的基质上，进而对糖蛋白等待测样品或糖分子探针进行测试、分析的手段。与芯片上糖探针存在特异作用的样品分子会被吸附，其他无特异作用的分子则在清洗液的冲洗下被洗掉。通过荧光染色等检测方法可以简单、快速地筛选出存在特异作用的分子，在分析糖蛋白结构和作用等方面起到重要作用。

（2）糖芯片的分类

自 2002 年 Wang 等首次报道在硝酸纤维素膜包被玻璃板上成功制作多糖芯片以来，糖芯片已经取得了一定程度的发展，但仍存在较多困难。目前糖芯片的发展主要受两方面的制约：首先是目标糖化合物的合成，这直接影响着芯片检测的特异性；其次是糖化合物高效固定于基质并保持其生物学活性，这对检测效率起至关重要的作用。然而，由于糖分子复杂的结构和特性，很难找到一种有效和通用简便的策略来同时满足上述两个方面。目前制备的糖芯片的主要类别如下所示。

① 二维芯片。二维芯片指糖分子在芯片基质表面上呈单层分布。根据糖分子或糖配合物与基质的作用方式，将二维芯片分为基于共价作用力的共价结合芯片和基于物理吸附作用的非共价结合芯片两种。

a. 共价结合二维芯片。为了使芯片在保持特异选择性和高效性的同时得到更普遍的应用，要求糖分子探针能够高效、稳定地黏附于芯片基质上。共价结合制备的糖芯片，适合分子结构简单的单糖和寡糖等，结合力大，稳定性强，糖分子在基质上取向规整，与待测分子作用效率较高。但共价法制备过程除需要对糖分子进行基团修饰外，常常要在糖分子与芯片间加入足够的间隔区，如一段碳链，从而使糖分子可以充分接近检测分子。另外，对基质也要进行较大改良，因而制备过程复杂。

例如，用固相合成法合成带有戊烯基醚基团的肝磷脂寡糖，选用含硫醇基团的小分子与醚键作用取代戊烯基团，再经硫酸化处理，得到带有氨基的硫酸化寡糖分子。玻璃片表面经处理后，涂上一层带有 N-羟基丁二酰亚胺酯基团的亲水聚合体。由于玻璃片表面具有氨基活性，可共价连接硫酸化肝磷脂寡糖。

b. 非共价结合二维芯片。非共价的吸附结合扩大了糖芯片的研究方法，弥补了某些糖分子由于共价结合难度较大而造成的局限性。已经证实某些糖分子可以通过非共价作用吸附于经过修饰的基片上，如将多糖非共价固定在覆盖有硝化纤维的玻璃表面，将糖蛋白与疏水聚苯乙烯基片非共价吸附。但该方法更适合于分子量较大的糖或糖配合体，且非共价结合程度不易控制。

② 三维芯片。三维芯片在芯片基质表面带有疏水作用的基团，探针包含在极微量的凝胶微球中。微球的空间立体结构使得探针分子呈三维分布，存在更多的结合点，因而比二维芯片有更高的灵敏度和效率。

（3）糖芯片的应用

目前糖芯片的应用研究仍处于初步探索中。糖、糖蛋白及糖脂等糖衍生物在生物体中有重要意义，如参与免疫应答、细胞识别、细胞调控和细胞信号转导等，因此具有高通量、检测用量少和特异性强等特性的糖芯片将在生物学研究领域中发挥重要的作用。

细胞表面被各种形式的多糖或糖复合物所覆盖，细胞表面的多糖或糖复合物不仅对于生物体是必需的，同时也被各种细菌和病毒用来侵入和感染其宿主细胞，因此，糖芯片的研究，对于流行病的诊断监测、病原微生物内毒素的识别与鉴定以及常见的糖与靶蛋白特异性结合的研究具有重要的意义。

5.2.6 芯片实验室的研究现状与展望

对生物芯片研究人员来说，最终的研究目标是对分析的全过程实现全集成，即制造微型全分析系统或微芯片实验室，在芯片上实现生化检测的全部功能。目前在集成方面已有了一些进展，并且初步得到了一批成果。

（1）芯片实验室的研究现状

芯片实验室或称微全分析系统，是由瑞士 Ciba-Geigy 公司的 Manz 与 Widmer 在 1990年提出的，他们最初的想法是发展一种由做完一个化学分析所需的全部部件和操作集成在一起的微型器件，强调"微"与"全"，因此把它看作是化学分析仪器的微型化。1993 年实现了毛细管电泳与流动注射分析，借电渗流实现了混合荧光染料样品注入和电泳分离。直到 1997 年，该领域的发展前景并不十分明朗。1994 年起，美国橡树岭国家实验室Ramsey 等在 Manz 的工作基础上发表了一系列论文，改进了芯片毛细管电泳的进样方法，提高了其性能与实用性，引起了更广泛的关注。在此形势之下，第一届芯片实验室国际会议在荷兰恩斯赫德举行，起到了推广微全分析系统的作用。1992 年，美国加州大学的Mathies 等在微流控芯片上实现了 DNA 等快速测序，微流控芯片的商业开发价值开始显现，而此时微阵列型的生物芯片已进入实质性的商品开发阶段。同年 9 月，首家微流控芯片企业 Caliper Technologies 公司在美国成立。1996 年 Mathies 又将基因分析中有重要意义的聚合酶链式反应（PCR）与毛细管电泳集成在一起，展示了微全分析系统在生物医学研究方面的巨大潜力。与此同时，有关企业的微流控芯片研究开发工作也加紧进行。1998年之后，专利之战日益激烈，一些微流控芯片开发企业纷纷与世界著名分析仪生产厂家合作，Agilent 与 Caliper 联合利用各自的技术优势，推出这一领域首台分析仪器 Bioanalyzer 2100 及相应的分析芯片，其他几家厂商也于近年开始将其产品推向市场。据不完全统计，目前全世界已至少有 30 多个重要的实验室（包括 MIT、斯坦福大学、加州大学柏史莱分校、美国橡树岭国家实验室等）在从事这一领域的开发和研究。

近年来，国内有多家大学和研究所的实验室开始了这方面的研究。整体而言，这些院所开展的工作尚处在起步阶段，多数是从毛细管电泳或流动注射分析得到的技术积累转移至芯片平台上进行研究，虽然起步较晚，但行动较快。以中国科学院大连化学物理研究所林炳承课题组（研制出了准商品化的激光诱导荧光芯片分析仪、电化学芯片分析仪和相关的塑料分析芯片）、浙江大学（推出了玻璃分析芯片）等为代表的一些研究单位，已进行了卓有成效的研究，但是企业尚未真正投入到此行业中。

（2）芯片实验室的展望

芯片实验室涉及很多学科，加之研究者的专长和兴趣不同，研究的侧重点不同，因此表现出发展的多样性，总的来说，芯片实验室朝着更加完善的方向发展。具体有如下趋势：

① 芯片制造由手工为主的微机电（MEMS）技术生产逐渐向自动化、数控化的亚紫外激光直接刻蚀微通道方向发展。

② 将泵、阀、管道、反应器等集于一体，呈高度集成化。最具代表性的工作是美国 Quake 研究小组将三千多个微阀、一千个微反应器和一千多条微通道集成在尺寸仅有几十个平方毫米的硅质材料上，完成了液体在内部的定向流动与分配。

③ 用于芯片实验室制造的材料呈现出多样式，朝着越来越便宜的方向发展。由最初的价格昂贵的玻璃和硅片为材料，发展成为以便宜的聚合物材料，如聚二甲基硅氧烷（PDMS）、聚甲基异丁烯酸甲酯（PMMA）和聚碳酸酯（PC）等，为将来的一次性使用提供了基础。

④ 由于不同样品分离检测的需要，分离通道表面的改性呈现出多样性发展。用磺化、硝化、胺化及把带双官能团的化合物耦合到表面氨基上的办法加以修饰，可获得各种分子组分的表面；用乙二胺、聚多巴胺、醋酸丁酸纤维素、葵二酸二酰肼及有机硅烷和无机氧化物等加以修饰微通道表面，可以改善吸附特性，改变疏水性和控制电动力学效应以提高分离效率。

⑤ 芯片实验室的驱动源从以电渗流发展到流体动力、气压、重力、离心力、剪切力等多种手段。一种利用离心力的芯片已经实现商品化，被称为 lab-on-a-CD，因为该芯片形状像一个小 CD 盘。

⑥ 芯片实验室的检测技术朝着多元化发展。目前最常用的检测器是荧光和电化学检测器，随着固态电子器件的发展，一些传统的检测方法也进入这一领域，如采用半导体微波源的微波等离子体原子发射光谱（MIPAES）检测、表面等离子共振法（SPR）检测、快速阻抗谱（FIS）检测、时间分辨荧光（NIR）检测。

⑦ 在应用方向方面，芯片实验室已从主要应用的生命科学领域扩展到其他领域。例如，用于 DNA、RNA、蛋白质等方向的分析检测，也可用于化学和生物试剂、环境污染的监测；监控微秒级的化学和生物化学反应动力学；用于许多化学合成反应的研究，药物和化学合成与筛选等。芯片实验室不仅为分析化学家，也为合成化学家特别是药物合成化学家打开了通往无限美好明天的大门。

⑧ 芯片实验室产业化发展越来越明显、越快速。由于它的基础研究和技术研究越来越专业和精细，因此整体技术发展速度加快，再加之它朝着检测功能化方向发展，其应用前景越来越广，产业化前景良好。

思考题

1. 描述柔性传感器与刚性传感器相比的优势和劣势。在哪些应用场景中，柔性传感器能够发挥独特的作用？

2. 阐述可穿戴传感器在医疗保健领域中的潜在应用，包括监测、诊断和治疗方面。如何将可穿戴传感器集成到医疗设备中以提高效能？

3. 预测未来可穿戴传感器在哪些领域可能取得突破性进展？

4. 什么是你理解的生物芯片？如何分类？各有什么特点？

5. 你对哪种生物芯片最感兴趣？谈谈对它的理解。

6. 你认为生物芯片未来会如何发展？

参考文献

[1] Mukhopadhyay S C. Wearable sensors for human activity monitoring：A review [J]. IEEE Sensors, 2015, 15 (3)：1321-1330.

[2] Bandodkar A J, Wang J. Non-invasive wearable electrochemical sensors：A review [J]. Trends in Biotechnology,

2014，32（7）：363-371.

［3］ Rodgers M M，Pai V M，Conroy R S. Recent advances in wearable sensors for health monitoring ［J］. IEEE Sensors，2015，15（6）：3119-3126.

［4］ Kenry，Yeo J C，Lim C T. Emerging flexible and wearable physical sensing platforms for healthcare and biomedical applications ［J］. Microsystems & Nanoengineering，2016，2：16043.

［5］ Neethirajan S. Recent advances in wearable sensors for animal health management ［J］. Sensing and Bio-Sensing Research，2017，12：15-29.

［6］ Windmiller J R，Wang J. Wearable electrochemical sensors and biosensors：A review ［J］. Electroanalysis，2013，25（1）：29-46.

［7］ Veerapandian M，Hunter R，Neethirajan S. Dual immunosensor based on methylene blue-electroadsorbed grapheme oxide for rapid detection of the influenza a virus antigen ［J］. Talanta，2016，155：250-257.

［8］ Veerapadian M，Neetiranjan S. Graphene oxide chemically decorated with Ag-Ru/chitisan nanoparticles：Fabrication，electrode processing，and immunosensing properties ［J］. RSC Advances，2015，5（92）：75015-75024.

［9］ Golding E，Widdis F C. Electrical measurements and measuring instruments ［M］. 5th ed. London：Pitman，2009.

［10］ Islam T，Mukhopadhyay S C，Suryadevara N K. Smart sensors and internet of things：A postgraduate paper ［J］. IEEE Sensors，2017，17（3）：577-584.

［11］ Grimnes S，Martinsen O G. Bioimpedance and Bioelectricity Basics ［M］. 2nd ed. New York：Academic Press，2008.

［12］ Ibrahim M，Claudel J，Kourtiche D. Geometric parameters optimization of planar interdigitated electrodes for bioimpedance spectroscopy ［J］. Journal of Electrical Bioimpedance，2013，4（1）：13-22.

［13］ Islam T，Rahman M Z U. Investigation of the electrical characteristics on measurement frequency of a thin-film ceramic humidity sensor ［J］. IEEE Transactions on Instrumentation and Measurement，2016，65（3）：694-702.

［14］ Lvovich V F，Liu C C，Smiechowski M F. Optimization and fabrication of planar interdigitated impedance sensors for highly resistive non-aqueous industrial fluids ［J］. Sensors and Actuators B：Chemical，2006，119（2）：490-496.

［15］ Mamishev A V，Sundara-Rajan K，Yang F M，et al. Interdigital sensors and transducers ［J］. Proceedings of the IEEE，2004，92（5）：808-845.

［16］ Syaifudin A R M，Mukhopadhyay S C，Yu P L. Modelling and fabrication of optimum structure of novel interdgital sensors for food inspection ［J］. Numerical Modelling，2012，25（1）：64-81.

［17］ Mittal U，Islam T，Nimal A T. A novel sol-gel γ-Al_2O_3 thin-film-based rapid SAW humidity sensor ［J］. IEEE Transactions on Electron Devices，2015，62（12）：624242-624250.

［18］ Khan S，Lorenzelli L，Dahiya R S. Technologies for printing sensors and electronics over large flexible substrates：A review ［J］. IEEE Sensors，2015，15（6）：3164-3185.

［19］ Nag A，Zia A I，Babu A. Printed electronics：Present and future opportunites ［C］. 9th International Conference on Sensing Technology（ICST），2015.

［20］ Zhang D，Wang Y，Gan Y. Characterization of critcally cleaned sapphire single-crystal substrates by atomic force microscopy，XPS and contact angle measurements ［J］. Applied Surface Science，2013，274：405-417.

［21］ Bi Y，Lv M，Song C. A wearable acoustic sensor system for food intake recogniton in daily life ［J］. IEEE Sensors，2016，16（3）：806-816.

［22］ Anindya N，Mukhopadhaya S Ca，Kosel J. Flexible carbon nanotube nanocomposite sensor for multiple physiological parameter monitoring ［J］. Sensors and Actuators A：Physical，2016，251：148-155.

［23］ Bombera R，Leroy L，Livache T，et al. DNA-directed capture of primary cells from a complex mixture and controlled orthogonal release monitored by SPR imaging ［J］. Biosensors & Bioelectronics，2012，33（1）：10-16.

［24］ Caillat P，David D，Belleville M，et al. Biochips on CMOS：An active matrix address array for DNA analysis

[J]. Sensors and Actuators B: Chemical, 1999, 61 (1): 154-162.

[25] Dudda-Subramanya R, Lucchese G, Kanduc D, et al. Clinical applications of DNA microarray analysis [J]. Journal of Experimental Therapeutics & Oncology, 2003, 3 (6): 297-304.

[26] Giljohann D A, Seferos D S, Patel P C, et al. Oligonucleotide loading determines cellular uptake of DNA-modified gold nanoparticles [J]. Nano Letters, 2007, 7 (12): 3818-3821.

[27] Chandra H, Reddy P J, Srivastava S. Protein microarrays and novel detection platforms [J]. Expert Review of Proteomics, 2011, 8 (1): 61-79.

[28] Wang R, Trummer B J, Gluzman E, et al. Probing the antigenic diversity of sugar chains [J]. ACS Symposium Series, 2004: 39-52.

[29] 蒋红霞, 陈杖榴, 曾振灵, 等. 寡核苷酸芯片检测兽医病原菌耐药性的研究 [J]. 中国农业科学, 2004, 37 (9): 1385-1389.

[30] 张海燕, 马文丽, 李凌, 等. 应用不对称 PCR 技术提高寡核苷酸基因芯片杂交效率 [J]. 军医进修学院学报, 2005 (4): 266-268.

[31] Wang W, Foley K, Shan X, et al. Single cells and intracellular processes studied by a plasmonic-based electrochemical impedance microscopy [J]. Nature Chemistry, 2011, 3 (3): 249-255.

[32] Wolf D E. Fundamentals of fluorescence and fluorescence microscopy [J]. Methods in Cell Biology, 2003, 72: 157-184.

[33] Wong C H. Carbohydrate-based drug discovery [M]. Weinheim: John Wiley & Sons, 2003.

[34] Heller R A, Schena M, Chai A, et al. Discovery and analysis of inflammatory disease-related genes using cDNA microarrays [J]. Proceedings of the National Academy of Sciences, 1997, 94 (6): 2150-2155.

[35] Kassegne S K, Reese H, Hodko D, et al. Numerical modeling of transport and accumulation of DNA on electronically active biochips [J]. Sensors and Actuators B: Chemical, 2003, 94 (1): 81-98.

[36] Lee H J, Goodrich T T, Corn R M. SPR imaging measurements of 1-D and 2-D DNA microarrays created from microfluidic channels on gold thin films [J]. Analytical Chemistry, 2001, 73 (22): 5525-5531.

[37] Lee T M H, Carles M C, Hsing I M. Microfabricated PCR-electrochemical device for simultaneous DNA amplification and detection. [J] Lab on a Chip, 2003, 3 (2): 100-105.

[38] Li J, Chen S, Evans D H. Typing and subtyping influenza virus using dna microarrays and multiplex reverse transcriptase PCR [J]. Journal of Clinical Microbiology, 2001, 39 (2): 696-704.

[39] Li Y J, Xiang J, Zhou F. Sensitive and label-free detection of DNA by surface plasmon resonance [J]. Plasmonics, 2007, 2 (2): 79-87.

[40] Lu Y, Zi X, Zhao Y, et al. Insulin-like growth factor-I receptor signaling and resistance to trastuzumab (Herceptin) [J]. Journal of the National Cancer Institute, 2001, 93 (24): 1852-1857.

[41] Fukui S, Feizi T, Galustian C, et al. Oligosaccharide microarrays for high-throughput detection and specificity assignments of carbohydrate-protein interactions [J]. Nature Biotechnology, 2002, 20 (10): 1011-1017.

[42] Hall D A, Ptacek J, Snyder M. Protein microarray technology [J]. Mechanisms of Ageing & Development, 2007, 128 (1): 161-167.

[43] Hirabayashi J. Oligosaccharide microarrays for glycomics [J]. Trends in Biotechnology, 2003, 21 (4): 141-143.

[44] Israel D A, Salama N, Arnold C N, et al. Helicobacter pylori strain-specific differences in genetic content, identified by microarray, influence host inflammatory responses [J]. Journal of Clinical Investigation, 2001, 107 (5): 611-620.

[45] Chen J F, Jin Q H, Zhao J L, et al. Detection methods in capillary electrophoresis and electrophoresis chips [J]. Chemical World, 2002, 2 (2): 94-97.

[46] Clemmens J, Hess H, Doot R, et al. Motor-protein "roundabouts": Microtubules moving on kinesin-coated tracks through engineered networks [J]. Lab on a Chip, 2004, 4 (2): 83-86.

[47] Duggan M P, Mccreedy T, Aylott J W. A non-invasive analysis method for on-chip spectrophotometric detection using liquid-core waveguiding within a 3D architecture [J]. Analyst, 2003, 128 (11): 1336-1340.

[48] Fodor S P, Rava R P, Huang X C, et al. Multiplexed biochemical assays with biological chips [J]. Nature, 1993, 364 (6437): 555-556.

[49] Galanina O E, Mecklenburg M, Nifantiev N E, et al. GlycoChip: Multiarray for the study of carbohydrate-binding proteins [J]. Lab on a Chip, 2003, 3 (4): 260-265.

[50] Karamanska R, Clarke J, Blixt O, et al. Surface plasmon resonance imaging for real-time, labelfree analysis of protein interactions with carbohydrate microarrays [J]. Glycoconjugate Journal, 2008, 25 (1): 69-74.

[51] Kawahashi Y, Takashima H, Tsuda C, et al. In vitro protein microarrays for detecting protein-protein interactions: Application of a new method for fluorescence labeling of proteins [J]. Proteomics, 2003, 3 (7): 1236-1243.

[52] Kricka L J. Microchips, microarrays, biochips and nanochips: Personal laboratories for the 21st century [J]. Clinica Chimica Acta, 2001, 307 (1): 219-223.

[53] Lonardi E, Balog C I, Deelder A M, et al. Natural glycan microarrays [J]. Expert Review of Proteomics, 2010, 7 (5): 761-774.

[54] Madsen M L, Nettleton D, Thacker E L, et al. Transcriptional profiling of Mycoplasma hyopneumoniae during heat shock using microarrays [J]. Infection and Immunity, 2006, 74 (1): 160-166.

[55] Liu B F, Ozaki M, Utsumi Y, et al. Chemiluminescence detection for a microchip capillary electrophoresis system fabricated in poly (dimethylsiloxane) [J]. Analytical Chemistry, 2003, 75 (1): 36-41.

[56] Liu D, Cao L, Yu J, et al. Diagnosis of pancreatic adenocarcinoma using protein chip technology [J]. Pancreatology, 2009, 9 (1-2): 127-135.

[57] Manaresi N, Romani A, Medoro G, et al. A CMOS chip for individual cell manipulation and detection [J]. IEEE Journal of Solid-State Circuits, 2003, 38 (12): 2297-2305.

[58] Quan J, Saaem I, Tang N, et al. Parallel on-chip gene synthesis and application to optimization of protein expression [J]. Nature Biotechnology, 2011, 29 (5): 449-452.

[59] Roh S W, Abellg C J, Kim K H, et al. Comparing microarrays and next-generation sequencing technologies for microbial ecology research [J]. Trends in Biotechnology, 2010, 28 (6): 291-299.

[60] Scurr D J, Horlacher T, Oberli M A, et al. Surface characterization of carbohydrate microarrays [J]. Langmuir the ACS Journal of Surfaces & Colloids, 2010, 26 (22): 17143-17155.

[61] Song X, Xia B, Lasanajak Y, et al. Quantifiabl fluorescent glycan microarrays [J]. Glycoconjugate Journal, 2008, 25 (1): 15-25.

[62] Tabakman S M, Lau L, Robinson J T, et al. Plasmonic substrates for multiplexed protein microarrays with femtomolar sensitivity and broad dynamic range [J]. Nature Communications, 2011, 2: 466.

[63] Sanders M A, Valk P J M. Genome-wide gene expression profiling, genotyping, and copy number analyses of acute myeloid leukemia using affymetrix gene chips [J]. Pharmacogenomics: Methods and Protocols, 2013, 1015: 155-177.

[64] Sato K, Hibara A, Tokeshi M, et al. Microchip-based chemical and biochemical analysis systems [J]. Advanced Drug Delivery Reviews, 2003, 55 (3): 379-391.

[65] Vogt O, Pfister M, Marggraf U, et al. A new two-chip concept for continuous measurements on PMMA-microchips [J]. Lab on a Chip, 2005, 5 (2): 205-211.

[66] Wakao M, Saito A, Ohishi K, et al. Sugar chips immobilized with synthetic sulfated disaccharides of heparin/heparan sulfate partial structure [J]. Bioorganic & Medicinal Chemistry Letters, 2008, 18 (7): 2499-2504.

[67] Wang X R, Shi L, Tao Q M, et al. A protein chip designed to differentiate visually antibodies in chickens which were infected by four different viruses [J]. Journal of Virological Methods, 2010, 167 (2): 119-124.

[68]　Tao Q M，Wang X R，Bao H M，et al. Detection and differentiation of four poultry diseases using asymmetric reverse transcription polymerase chain reaction in combination with oligonucleotide microatrays [J]. Journal of Veterinary Diagnostic Investigation，2009，21 (5)：623-632.

[69]　Wang Y X，Zhang X Y，Zhang B F，et al. Study on the clinical significance of Argonaute2 expression in colonic carcinoma by tissue microarray [J]. International Journal of Clinical & Experimental Pathology，2013，6 (3)：476-484.

[70]　Wilson M，Derisi J，Kristensen H H，et al. Exploring drug-induced alterations in gene expression in mycobacterium tuberculosis by microarray hybridization [J]. Proceedings of the National Academy of Sciences，1999，96 (22)：12833-12838.

[71]　Xu R Z，Gan X X，Fang Y M，et al. A simple，rapid，and sensitive integrated protein microarray for simultaneous detection of muliple antigens and antibodies of five human hepatitis viruses (HBV，HCV，HDV，HEV，and HGV) [J]. Analytical Biochemistry，2007，362 (1)：69-75.

[72]　Zhou X C，Turchi C，Wang D N. Carbohydrate cluster microarrays fabricated on 3-dimensional dendrimeric platforms for functional glycomics exploration [J]. Joumal of Proteome Research，2009，8 (11)：5031-5040.

[73]　郭亚银，屈涛涛，李忠彦. 生物传感器在食品工业中应用 [J]. 粮食与油脂，2004，(2)：25-27.

[74]　谭学才，吴佳雯，胡琪，等. 基于石墨烯的毒死蜱分子印迹电化学传感器的制备及对毒死蜱的测定 [J]. 分析化学，2015，43 (3)：387-393.

[75]　王珂，江德臣，刘宝红，等. 无标记型免疫传感器的原理及其应用 [J]. 分析化学，2005，22 (3)：411-416.

[76]　王晓辉，白志辉，孙裕生，等. 硫化物微生物传感器的研制与应用 [J]. 分析试验室，2000，19 (3)：83-86.

[77]　Lesniak A，Salvati A，Santosmartinez M J，et al. Nanoparticle adhesion to the cell membrane and itseffect on nanoparticle uptake efficiency [J]. Journal of the American Chemical Society，2013，135 (4)：1438-1444.

[78]　Li B Z，Cheng J S，Qiao B，et al. Genome-wide transcriptional analysis of Saccharomyces cerevisiae during industrial bioethanol fermentation [J]. Journal of Industrial Microbiology & Biotechnology，2010，37 (1)：43-55.

[79]　Weigl B H，Bardell R L，Cabrera C R. Lab-on-a-chip for drug development [J]. Advanced Drug Delivery Reviews，2003，55 (3)：349-377.

[80]　Zeng Y，Chen H，Pang D W，et al. Microchip capillary electrophoresis with electrochemical detection [J]. Analytical Chemistry，2002，74 (10)：2441-2445.

[81]　Lin S Y，Zhu Q F，Xu Y，et al. The role of the TOB1 gene in growth suppression of hepatocellular carcinoma [J]. Oncology Letters，2012，4 (5)：981-987.

[82]　Lindon J C，Holmes E，Nicholson J K. Metabonomics in pharmaceutical R & D [J]. Febs Joumal，2007，274 (5)：1140-1151.

[83]　Liu Q，Jiang X R，Zhang Y X，et al. A novel test strip for organophosphorus detection [J]. Sensors and Actuators B：Chemical，2015，210：803-810.

[84]　陈杏春，赵丽，林伟，等. 颗粒链球菌引起感染性心内膜炎的微生物学诊断与临床治疗分析 [J]. 中华检验医学杂志，2009，32 (3)：288-290.

[85]　杜华，徐晓艳，海玲，等. 人胚肺成纤维细胞复制性衰老过程中端粒相关因子的表达 [J]. 中国组织工程研究，2013，17 (28)：5184-5190.

[86]　杜炜. 研究信号转导和转录活化因子 3 (STAT3) 与血管内皮生长因子 (VEGF) 在骨肉瘤组织的表达及临床意义 [D]. 苏州：苏州大学，2014.

[87]　邱秀文，吴小芹，黄麟，等. 基因芯片技术在生物研究中的应用进展 [J]. 江苏农业科学，2014，42 (5)：60-62.

[88]　谭仕旦，易志恩，谭大平. 山羊腐败梭菌、巴氏杆菌混合感染的微生物学诊断 [J]. 江苏农业科学，2009 (5)：211-212.

[89]　Dulbecco R. A turning point in cancer research：Sequencing the human genome [J]. Science，1986，231 (4742)：

1055-1056.

[90] Fan Y X, Wang J C, Yang Y, et al. Detection and identification of potential biomarkers of breast cancer [J]. Journal of Cancer Research and Clinical Oncology, 2010, 136 (8): 1243-1254.

[91] Fuster M M, Esko J D. The sweet and sour of cancer: Glycans as novel therapeutic targets [J]. Nature Reviews Cancer, 2005, 5 (7): 526-542.

[92] Hathaway H J, Butler K S, Adolphi N L, et al. Detection of breast cancer cells using targeted magnetic nanoparticles and ultra-sensitive magnetic field sensors [J]. Breast Cancer Research, 2011, 13 (5): R108.

[93] Fang Y. Ligand-receptor interaction platforms and their applications for drug discovery [J]. Expert Opinion on Drug Discovery, 2012, 7 (10): 969-988.

[94] Defazio-eli L, Strommen K, Dao-pick T, et al. Quantitative assays for the measurement of HER1-HER2 heterodimerization and phosphorylation in celi lines and breast tumors: Applications for diagnostics and targeted drug mechanism of action [J]. Breast Cancer Research, 2011, 13 (2): R44.

[95] Kenakin T, Miller L J. Seven transmembrane receptors as shapeshifting proteins: The impact of allosteric modulation and functional selectivity on new drug discovery [J]. Pharmacological Reviews, 2010, 62 (2): 265-304.

[96] Komolov K E, Senin I I, Philippov P P, et al. Surface plasmon resonance study of G protein/receptor coupling in a lipid bilayer-free system [J]. Analytical Chemistry, 2006, 78 (4): 1228-1234.

[97] Macbeath G, Schreiber S L. Printing proteins as microarrays for high-throughput function determination [J]. Science, 2000, 289 (5485): 1760.

[98] Mendoza L G, Mcquary P, Mongan A, et al. High-throghput micoarray-based enzyme-linked immunosorbent assay (ELISA) [J]. Biotechniques, 1999, 27 (4): 778-780.

[99] Lueking A, Horn M, Eickhoff H, et al. Protein microarrays for gene expression and antibody screening [J]. Analytical Biochemistry, 1999, 270 (1): 103-111.

[100] Uetz P, Giot L, Cagney G. A comprehensive analysis of protein interaction in Saccharomyces cerevisiae [J]. Nature, 2000, 403 (6770): 623-627.

[101] Cohen C B, Chindixon E, Jeong S, et al. A microchip-based enzyme assay for protein kinase A [J]. Analytical Biochemistry, 1999, 273 (1): 89-97.

[102] Karlsson R, Michaelsson A, Mattsson L. Kinetic analysis of monoclonal antibody-antigen interactions with a new biosensor based analytical system [J]. Journal of Immunological Methods, 1991, 145 (1-2): 229-240.

[103] Pisarchick M L, Thompson N L. Binding of a monoclonal antibody and its Fab fragment to supported phospholipid monolayers measured by total internal reflection fluorescence microscopy [J]. Biophysical Journal, 1990, 58 (5): 1235-1249.

[104] Yang M, Li C W, Yang J. Cell docking and on-chip monitoring of cellular reactions with a controlled concentration gradient on a microfluidic device [J]. Analytical Chemistry, 2002, 74 (16): 3991-4001.

[105] Davidsson R, Boketoft A, Bristulf J, et al. Developments toward a microfluidic system for long-term monitoring of dynamic cellular events in immobilized human cells [J]. Analytical Chemistry, 2004, 76 (16): 4715-4720.

[106] Muncen R, Li J, Herman P R, et al. Microfabricated system for parallel single-cell capillary electrophoresis [J]. Analytical Chemistry, 2004, 76 (17): 4983-4989.

[107] Huang Y, Rubinsky B. Microfabricated electroporation chip for single cell membrane permeabilization [J]. Sensors and Actuators A-Physical, 2001, 89 (3): 242-249.

[108] Zhang C X, Liu H P, Tang Z M, et al. Cell detection based on protein array using modified glass slides [J]. Electrophoresis, 2003, 24 (18): 3279-3283.

[109] Belov L, Delv O, Dosremedios C G, et al. Immunophenotyping of leukemias using a cluster of differentiation antibody microarray [J]. Cancer Research, 2001, 61 (11): 4483.

[110] Revzin A, Sekine K, Sin A, et al. Development of a microfabricated cytometry platform for characterization and

sorting of individual leukocytes [J]. Lab on A Chip, 2005, 5 (1): 30-37.

[111] Disney M D, Seeberger P H. Carbohydrate arrays as tools for the glycomics revolution [J]. Drug Discovery Today Targets, 2004, 3 (4): 151-158.

[112] Jung S O, Ro H S, Kho B H, et al. Surface plasmon resonance imaging-based protein arrays for high-throughput screening of protein-protein interaction inhibitors [J]. Proteomics, 2005, 5 (17): 4427-4431.

[113] Liu R H, Yang J, Lenigk R, et al. Self-contained, fully integrated biochip for sample preparation, polymerase chain reaction amplification, and DNA microarray detection [J]. Analytical Chemistry, 2004, 76 (7): 1824-1831.

[114] Laurent N, Voglmeir J, Flitsch S L. Glycoarrays — tools for determining protein — carbohydrate interactions and glycoenzyme specificity [J]. Chemical Communications, 2008 (37): 4400-4412.

[115] Silletti S, Rodio G, Pezzotti G, et al. An optical biosensor based on a multiarray of enzymes for monitoring a large set of chemical classes in milk [J]. Sensors and Actuators B: Chemical, 2015, 215: 607-617.

[116] Helms M W, Kemming D, Contag C H, et al. TOB1 is regulated by EGF-dependent HER2 and EGFR signaling, is highly phosphorylated, and indicates poor prognosis in node-negative breast cancer [J]. Cancer Research, 2009, 69 (12): 5049-5056.

[117] Jiao Y, Sun K K, Zhao L, et al. Suppression of human lung cancer cell proliferation and metastasis in vitro by the transducer of ErbB-2. 1 (TOB1) [J]. Acta Pharmacologica Sinica, 2012, 33 (2): 250-260.

[118] Kute T, Lack C M, Willingham M, et al. Development of Herceptin resistance in breast cancer cells [J]. Cytometry Part A, 2004, 57 (2): 86-93.

[119] Neu T R, Swerhone G D W, Lawrence J R. Assessment of lectin-binding analysis for in situ detection of glycoconjugates in biofilm systems [J]. Microbiology, 2001, 147 (2): 299-313.

[120] Wegner G J, Lee H J, Corn R M. Characterization and optimization of peptide arrays for the study of epitope-antibody interactions using surface plasmon resonance imaging [J]. Analytical Chemistry, 2002, 74 (20): 5161-5168.

[121] Wright C, Sibani S, Trudgian D, et al. Detection of multiple autoantibodies in patients with ankylosing spondylitis using nucleic acid programmable protein arrays [J]. Molecular & Cellular Proteomics, 2012, 11 (2): M9.00384.

[122] Zhu J, Liao G, Shan L, et al. Protein array identification of substrates of the Epstein-Barr virus protein kinase BGLF4 [J]. Journal of Virology, 2009, 83 (10): 5219-5231.

[123] Wang D, Liu S, Trummer B J, et al. Carbohydrate microarrays for the recognition of cross-reactive molecular markers of microbes and host cells [J]. Nature Biotechnology, 2002, 20 (3): 275-281.

[124] Tao N J, Boussaad S, Huang W L, et al. High resolution surface plasmon resonance spectroscopy [J]. Review of Scientific Instruments, 1999, 70 (12): 4656-4660.

[125] Verma A, Stellacci E. Effect of surface properties on nanoparticle-cell interactions [J]. Small, 2010, 6 (1): 12-21.

[126] Wang S, Huang X, Shan X, et al. Electrochemical surface plasmon resonance: Basic formalism and experimental validation [J]. Analytical Chemistry, 2010, 82 (3): 935-941.

[127] Wang S, Shan X, Patel U, et al. Label-free imaging, detection, and mass measurement of single viruses by surface plasmon resonance [J]. Proceedings of the National Academy of Sciences, 2010, 107 (37): 16028-16032.

[128] Wang W, Wang S P, Liu Q, et al. Mapping single-cell-substrate interactions by surface plasmon resonance microscopy [J]. Langmuir: the ACS Journal of Surfaces and Colloids, 2012, 28 (37): 13373-13379.

[129] Wangkam T, Srikhirin T, Wanachantararak P, et al. Investigation of enzyme reaction by surface plasmon resonance (SPR) technique [J]. Sensors and Actuators B: Chemical, 2009, 139 (2): 274-279.

［130］ Xu J，Wan J Y，Yang S T，et al. A surface plasmon resonance biosensor for direct detection of the rabies virus ［J］. Acta Veterinaria Bmo，2012，81（2）：107-111.

［131］ Ramsey J M，Alarie J R，Jacobson S C，et al. Micro Total Analysis Systems 2002 ［M］. Berlin：Springer Netherlands，2002.

［132］ Mathies R A，Huang X C. Capillary array electrophoresis：An approach to high-speed，high-throughput DNA sequencing ［J］. Nature，1992，359（6391）：167-169.

［133］ Syrzycka M，Sjoerdsma M，Li P C H，et al. Electronic concentration of negatively-charged molecules on a microfabricated biochip ［J］. Analytica Chimica Acta，2003，484（1）：1-14.

［134］ Timoney C，Felder R. Biochip technology of the future-today！ ［J］. Joumal of the Association for Laboratory Automation，1999，4（4）：86-89.

［135］ Xiao Z，Jiang X，Beckett M L，et al. Generation of a baculovirus recombinant prostate-specific membrane antigen and its use in the development of a novel protein biochip quantitative immunoassay ［J］. Protein Expression and Purification，2000，19（1）：12-21.

［136］ 曹明楠，崔俊，李卫东. 基因芯片技术在抗肿瘤药物研究和肿瘤诊断中的应用 ［J］. 中国药理学与毒理学杂志，2014，28（6）：932-938.

［137］ Polla D，Krulevitch L P，Wand A，et al. Ist annual international IEEE-EMBS special topic conference on microtechnologies in medicine and biology ［C］. Institute of Electrical and Electronics Engineering，2000.

［138］ 刘俊才，李世宁，唐学清，等. 二次包埋法手工制作病理学教学组织芯片 ［J］. 四川解剖学杂志，2009，17（4）：70-72.

［139］ 刘晓为，张海峰，王蔚，等. 芯片实验室技术及其应用 ［J］. 测试技术学报，2006，20（6）：471-479.

［140］ 刘怡，曾照芳. 诊断微生物学的基因芯片的研制与进展 ［J］. 国际检验医学杂志，2006，27（6）：518-520.

［141］ 饶志明，张荣珍，王正祥，等. 基因芯片技术在微生物学研究中的应用 ［J］. 中国生物工程杂志，2003，23（8）：61-65.

［142］ 石霖，王秀荣，杨忠苹，等. 4 种禽病毒抗体可视化蛋白芯片的制备及应用 ［J］. 中国农业科学，2009，42（4）：1413-1420.

［143］ 宋振强，王江辉，薛双，等. 基因芯片在动物医学中的应用进展 ［J］. 郑州牧业工程高等专科学校学报，2006，26（2）：21-22.

［144］ 苏乃伦，牟文凤，王斌. 运用 SELDI 蛋白质芯片技术检测 Vero 细胞感染 HSV-1 后蛋白质的差异表达 ［J］. 中国医学创新，2010，7（2）：65-67.